图说南美白对虾
高效养殖技术
全彩升级版

胡晓娟　主编
杨　铿　曹煜成　副主编

化学工业出版社

·北京·

内容简介

本书从当前我国南美白对虾养殖生产的现状及存在的问题出发,针对近年来对虾养殖生产实践的一些实际问题,详尽介绍了南美白对虾的生物学结构特征、生态习性,重点介绍了国内主要采用的高位池养殖、土池养殖、小型温棚养殖、工厂化养殖、零换水养殖等多种对虾养殖模式和技术。此外,本书还对当前急需的养殖尾水综合处理技术模式、养殖病害综合防控技术等进行了介绍,进一步加强了本书的实用性。本书内容丰富、有众多彩图和视频,图文并茂,通俗易懂、深入浅出,理论与生产实践紧密结合,具有较强的指导性和可操作性。

本书既可供广大对虾养殖从业者指导生产使用,也可供水产养殖专业师生、相关研究人员和管理人员参阅。

图书在版编目(CIP)数据

图说南美白对虾高效养殖技术:全彩升级版 / 胡晓娟主编;杨铿,曹煜成副主编. -- 北京:化学工业出版社,2025.2. -- ISBN 978-7-122-46997-7

I. S968.22-64

中国国家版本馆CIP数据核字第2025CA6891号

责任编辑:曹家鸿 邵桂林　　　　装帧设计:韩 飞
责任校对:杜杏然

出版发行:化学工业出版社
　　　　(北京市东城区青年湖南街13号　邮政编码100011)
印　　装:北京宝隆世纪印刷有限公司
880mm×1230mm　1/32　印张7¼　字数175千字
2025年8月北京第1版第1次印刷

购书咨询:010-64518888　　　　售后服务:010-64518899
网　　址:http://www.cip.com.cn
凡购买本书,如有缺损质量问题,本社销售中心负责调换。

定　　价:49.80元　　　　　　　　版权所有　违者必究

编写人员名单

主　　编　　胡晓娟

副 主 编　　杨　铿　曹煜成

参　　编　　苏浩昌　徐武杰
　　　　　　徐　煜　文国樑
　　　　　　徐创文　冷加华
　　　　　　洪敏娜　龚　永

前言

我国是全球对虾的第一大养殖生产国和消费国，我国对虾养殖产量占全球产量的30.6%。2023年我国南美白对虾产量为223.8万吨，南美白对虾养殖在我国对虾养殖产业中具有举足轻重的地位。

南美白对虾具有环境适应性好、个体大、饲料营养要求低等特点，因此，对它的养殖可打破地域的限制，实现大范围的推广。南美白对虾既可在热带、亚热带的沿海滩涂地区进行一年多茬养殖，也可在咸淡水交汇的低盐度河口区进行养殖，还可在一些盐碱区域养殖，此外在水源充足的江河流域、淡水湖周边地区也可开展养殖生产。目前，南美白对虾养殖已遍及全国众多省份，但是随着其产业的迅猛发展，在近年来也出现了一系列的问题，例如苗种种质退化、新型病害频发、养殖用地受到挤压、养殖尾水排放等。

我国地域辽阔，可适合养殖南美白对虾的区域广，养殖模式也多种多样。本书从当前对虾养殖生产的现状及存在问题出发，系统总结了当前我国南美白对虾的主要养殖模式和相关技术特点、养殖尾水综合处理技术模式与特点。为了使各地的养殖从业者因地制宜地开展南美白对虾健康养殖生产，本书还针对养殖生产过程中出现的一些共性技术问题和常见病害控制等问题，总结了一些先进的经验，并结合最新的科研成果，提出了一系列解决思路与应对方案，以期帮助广大养殖从业者掌握和运用健康养殖新技术。为了使读者更好地掌握和运用相关技术，书中重要内容都配有彩色插图，部分关键技术和养殖模式介绍配有视频，通过手机扫描书中的二维码即可观看相应的视频。

  本书内容大多来自编者团队的研究成果，部分引用了已发表的论文和著作，理论和实践结合，既有对相关技术参数的原理性说明，也总结了养殖生产实践中的经验和教训。本书内容通俗易懂、深入浅出、实用性强，既可供广大对虾养殖从业者指导生产使用，也适用于水产养殖专业师生、有关科技人员和管理人员。此外，我们向在本书编写中参阅和引用的研究论文和著作的有关作者表示衷心的感谢！本书还得到了中国水产科学研究院南海水产研究所李卓佳研究员、朱长波研究员等多位专家的支持和帮助，在此一并表示感谢！

  限于编者的学识水平，书中不妥之处在所难免，敬请各位专家和广大读者指正。

编　者
2024 年 12 月

目录

第一章 南美白对虾的特点、生物学特征和生态习性　　1

第一节　南美白对虾的特点　/1
第二节　南美白对虾的生物学特征　/3
第三节　南美白对虾的生态习性　/11

第二章 南美白对虾高效养殖技术与模式　　23

第一节　高位池高效养殖技术与模式　/23
第二节　土池高效养殖技术与模式　/63
第三节　小型温棚养殖技术与模式　/103
第四节　工厂化全封闭循环水养殖技术与模式　/109
第五节　零换水高效养殖技术与模式　/118

第三章 养殖尾水综合处理技术　　123

第一节　养殖尾水特点　/123
第二节　养殖尾水处理技术模式　/124
第三节　养殖尾水排放标准　/143

第四章 南美白对虾养殖病害综合防控技术　　151

第一节　常见细菌性疾病及防控措施　/152
第二节　常见病毒性疾病及防控措施　/158
第三节　由其他生物诱发的疾病及防控措施　/178
第四节　南美白对虾的应激反应与防控措施　/189
第五节　南美白对虾的营养免疫调控技术　/198
第六节　科学用药　/210

参考文献　　219

第一章

南美白对虾的特点、生物学特征和生态习性

第一节 南美白对虾的特点

南美白对虾，学名为凡纳滨对虾（图1-1），是一种广温广盐性的热带虾，俗称白肢虾、白对虾。南美白对虾原产于美洲太平洋沿岸水域，主要分布在秘鲁北部至墨西哥湾沿岸，以厄瓜多尔沿岸分布最为集中。与中国明对虾、斑节对虾、墨吉明对虾、长毛明对虾等我国传统的对虾养殖品种相比，南美白对虾具有环境适应性好、个体大等特点，更适宜进行集约化高密度养殖。

图1-1 南美白对虾

一、环境适应能力强

南美白对虾在人工养殖条件下生长速度快,养殖周期短,80～140天即可达到上市商品虾的规格。而且对不同养殖水体环境的适应能力强,南美白对虾对水体温度的适应范围较好,温度为15～36℃时可存活,在25～32℃下生长良好;盐度在2‰～40‰的范围内均可正常生长,因此,可采用淡水、半咸水、海水等多种模式进行养殖生产;同时,对pH的适应范围可达到7.3～9.0。正是由于南美白对虾环境适应性广,所以,对它的养殖可打破地域的限制,实现大范围的推广。南美白对虾既可在热带、亚热带的沿海滩涂地区进行一年多茬养殖,也可在咸淡水交汇的低盐度河口区进行养殖,还可在一些盐碱区域养殖,此外在水源充足的江河流域、淡水湖周边地区也可开展养殖生产。

二、饲料营养要求低

南美白对虾属杂食性种类,对动物性饵料的需求并不严格,对饲料蛋白质的要求相对较低,蛋白质的含量达到20%～30%即可正常生长;并且饲料转化效率高,一般在池塘正常养殖的饲料系数为0.8～1.5。

三、适宜高密度养殖

南美白对虾相比其他种类对虾而言,还具有耐低氧的特性,水体溶解氧含量低至1.5毫克/升时还可存活,加之它的群体性较好,属于喜游动的虾类,个体间的领地意识不强,活虾相互蚕食的现象不严重,较为适宜进行集约化高密度养殖。通常在设施条件一般的土池,可放养虾苗4万～6万尾/亩;在进排水系统、增氧系统、排污系统等硬件设施较完备的高位池,可放养虾苗10万～25万尾/亩。经过3～4个月的养殖,成活率一般可达到六七成以上,土池半精养产量可达200～

500千克/亩，高位池精养产量可达750～3000千克/亩。

四、产业链完善

南美白对虾的繁殖生产周期长，繁殖效率高，幼体成活率也相对较高，在人工条件下可周年进行苗种生产，这为养殖生产的开展提供了充足的苗种来源。此外，它还具有较好的抗逆性，在离水条件下存活时间长。养殖成虾的出肉率高，可达到65%以上，既适宜收捕活虾出售，也可进行集中加工，制成冷冻虾、虾仁、肉糜等成品或半成品对虾产品上市出售。南美白对虾的种苗、养殖、加工、销售的整个产业链较为完善，产品供给充足，市场售价适中，国内外消费市场广阔，整个产业经济效益回报良好。这也有利于推动产业发展，形成产业与市场间的良性循环。

第二节　南美白对虾的生物学特征

一、南美白对虾的外部形态

1. 体形

南美白对虾体形呈梭形，身体修长，左右两侧略扁，成体最长可达23厘米，体表包被一层略透明、具保护作用的几丁质甲壳，甲壳较薄，正常体色为浅青灰色，全身不具斑纹，体色可随环境的变化而变化。体色变化由体壁下面的色素细胞调节，色素细胞扩大则体色变深，反之则变浅。虾类的主要色素由胡萝卜素同蛋白质互相结合而构成，在遇到高温或者与无机酸、酒精等相遇时，蛋白质沉淀而析出虾红素或虾青素。虾红素颜色为红色，所以对虾在沸水中煮熟后呈鲜亮的红色。

图 1-2 为南美白对虾的外部形态示意图，图中所示的虾体全长是指从额剑前端至尾节末端的长度；体长为由眼柄基部或额角基部眼眶缘至尾节末端长度；头胸甲长为眼窝后缘连线中央至头胸甲中线后缘的长度。

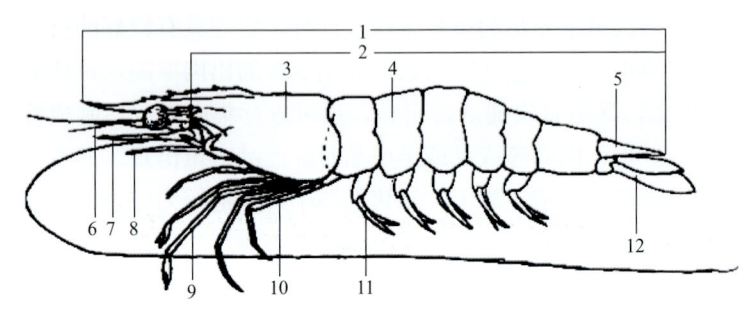

图 1-2　南美白对虾外部形态示意图

1—全长；2—体长；3—头胸部；4—腹部；5—尾节；6—第一触角；7—第二触角；8—第三颚足；9—第三步足；10—第五步足；11—游泳足；12—尾肢

2. 躯体分部

南美白对虾身体分头胸部和腹部两部分，头胸部较短，腹部发达，头胸部与腹部的长度比例约为1∶3。头胸部由5个头节及8个胸节相互愈合而成，外部包被一个完整而坚硬的头胸甲（图1-3，图1-4）；头胸甲前端中部有向前突出的上下具齿的额剑（额角），额角尖端的长度不超出第1触角柄的第2节，额角上下缘具有齿状突起，齿式为5-9/2-4。额角两侧生有一对可自由活动的眼柄，眼柄末端着生由众多小眼组成的复眼，用于感受周边环境的光线变化，形成各种影像。头胸甲表面具有若干数量的刺、脊、沟等结构，是进行对虾种类鉴别的重要依据；头胸甲下包裹了对虾的心脏、胃、肝胰腺、鳃等众多脏器，一般以各种脏器的位置为标准将头胸甲划分为多个区，并以此命名甲壳上的刺、脊、沟。南美白对虾的额角侧沟短,到胃上刺下方即消失;头胸甲具肝刺及鳃角刺,肝刺明显。口位于头胸部腹面。

虾体腹部发达,由7个体节组成,自头向尾依次变小,前5节较短,第6节最长,最末的尾节形成尖锐的棱锥形,尾节具中央沟,但不具缘侧刺;整个腹部均外被甲壳,但各体节之间有膜质的关节,使得腹部可自由屈伸。

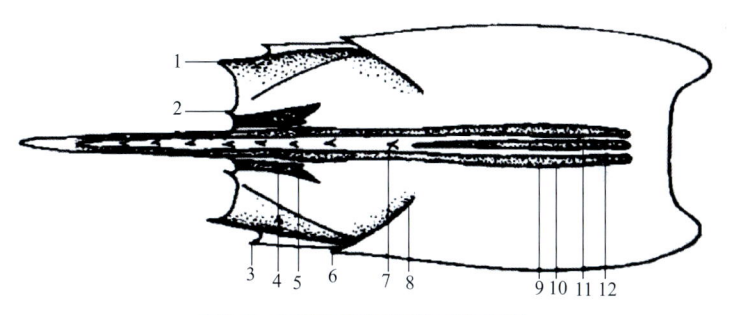

图1-3 南美白对虾头胸甲背面观示意图

1—额角刺;2—眼上刺;3—颊刺;4—额胃沟;5—额胃脊;6—肝刺;7—胃上刺;
8—颈脊;9—额角侧沟;10—额角侧脊;11—中央沟;12—额角后脊

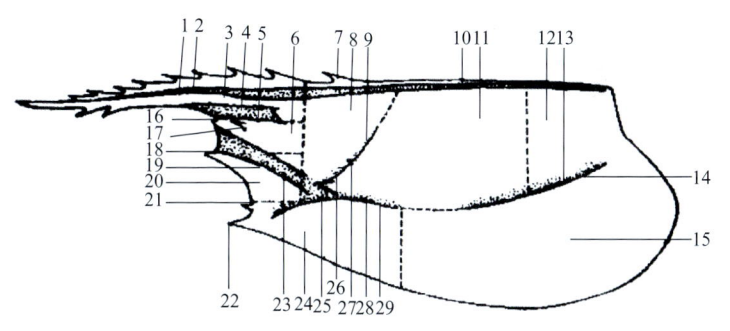

图1-4 南美白对虾头胸甲侧面观示意图

1—额角侧脊;2—额角侧沟;3—额区;4—额胃沟;5—额胃脊;6—眼区;
7—胃上刺;8—胃区;9—颈沟;10—额角后脊;11—肝区;12—心区;13—心鳃沟;
14—心鳃脊;15—鳃区;16—眼上刺;17—眼后刺;18—额角刺;19—触角脊;
20—触角区;21—鳃甲刺;22—颊刺;23—眼眶触角沟;24—颊沟;25—肝刺;
26—颈脊;27—肝上刺;28—肝沟;29—肝脊

3. 附肢

南美白对虾共有20个体节，除最末的尾节外，每一体节均着生一对附肢，各附肢的着生位置、形状与执行的功能相关。

头部生有5对附肢：第一附肢（小触角）原肢节较长，柄部下凹形成眼窝，基部生有平衡囊，端部分内、外触鞭，内鞭较外鞭纤细，长度大致相等，司嗅觉、平衡及身体前端触觉；第二附肢（大触角）外肢节发达，内肢节具一细长的触鞭，主要司身体两侧及身体后部的触觉；第三附肢（大颚）坚硬，边缘齿形，特化形成口器的组成部分，是对虾摄食的咀嚼器官，可切碎食物；第四附肢（第一小颚）呈薄片状，为口器的组成部分之一，用于抱握食物辅助进食的器官；第五附肢（第二小颚）外肢发达，可扇动鳃腔水流，是帮助呼吸的器官，同时也是组成口器的部分之一。

胸部8对附肢：包括3对颚足及5对步足，颚足基部具鳃的构造，辅助对虾进行呼吸，同时还具有协助摄食的作用；步足末端呈钳状或爪状，为摄食及爬行器官。

腹部6对附肢：腹部分为7节，由于最末一节已经特化形成尾节，不着生附肢，所以腹部共有6对附肢。其中雌雄个体的第一、二腹肢存在一定的差别，雄性个体的第一腹肢内侧特化形成雄性交接器，在与雌性个体进行交配时用于传递精荚，第二腹肢内侧另外生出小型的附属肢节为用于辅助交配的雄性附肢；雌性个体的第一腹肢内肢变小，以便于交配行为的进行。第六附肢即尾肢宽大，与尾节合称尾扇，其余腹肢为游泳足，是对虾的主要游泳器官。

游泳时，对虾步足自然弯曲，腹部的游泳足频繁划动，两条细长的触鞭向后分别排列于身体两侧；静伏时步足用以支撑躯体，游泳足舒张摆动，触鞭前后摆动；当受惊时，腹部迅速屈伸并通过尾扇有力地向下拨水，急速跳离原位置。

二、南美白对虾的内部结构

南美白对虾的主要内部器官可归类为：肌肉系统，呼吸系统，循环系统，消化系统，排泄系统，生殖系统，神经系统，内分泌系统和体壁（甲壳）等。

1. 肌肉系统

南美白对虾的肌肉主要是横纹肌，肌纤维集合形成强有力的肌肉束。按照功能可划分为躯干肌、附肢肌和脏器肌肉。从分布而言，主要集中于虾体腹部，这也是主要的食用部位。虾体腹部肌肉强而有力，几乎占据整个腹部，一方面可与附肢配合完成游泳动作，进行不易疲劳的持续性运动；另一方面，通过迅速收缩和张弛，使尾部快速向腹部弯曲和平直展开，支持整个虾体有力地弹跳起来，从而完成逃避敌害等活动的主要动作。

2. 呼吸系统

南美白对虾依靠鳃进行呼吸，其主要集中分布于虾体头胸部，位于由头胸甲侧甲和体壁构成的鳃腔中。对虾的鳃主要为枝状鳃，有多个，根据着生位置不同可分为胸鳃、关节鳃、足鳃和肢鳃四种。每个鳃由鳃轴、鳃瓣和鳃丝组成，具有较大的表面积以利于气体的交换。鳃内有丰富的血管网，包括入鳃血管、出鳃血管。血液经入鳃血管进入鳃部，在鳃瓣处进行气体交换，吸收水中的氧气，同时排出二氧化碳；富含氧气的血液再经过出鳃血管回流心脏，通过循环系统将氧气输送到体内各种组织器官，供生命活动。

3. 循环系统

南美白对虾的循环系统（图1-5）包括心脏、血管、血窦和血液，属于开管式的循环系统。心脏位于头胸部，靠近消化腺背后侧的围心腔中，呈扁平囊状，外包被一层称为心包膜的结缔组织，从甲壳外即可清楚地看到其有节律地跳动。动脉由心脏发出，每条动脉再分出许多小血管，分布到虾体全身，最后到达各组织间的血窦。血窦相当于对虾的静脉，包括围心窦（又称围心腔）、胸血窦、背血窦、腹血窦及组织间的小血窦，血窦负责收集来自各个组织器官的静脉血，汇流进入鳃血管进行气体交换，从而形成血液循环。对虾的整个循环系统担负着输送养料与氧气，排出二氧化碳及代谢废物的作用。

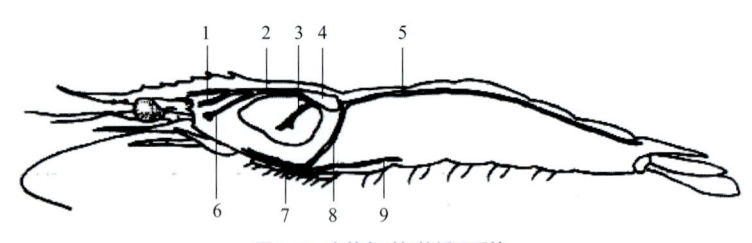

图1-5　南美白对虾的循环系统

1—眼动脉；2—前侧动脉；3—肝动脉；4—心脏；5—背腹动脉；
6—触角动脉；7—胸下动脉；8—胸动脉；9—腹下动脉

4. 消化系统

南美白对虾的消化系统（图1-6）包括消化腺和消化道两大部分。

肝胰腺是对虾主要的消化腺，位于头胸部中央位置，是一个大型致密腺体结构。主要由多级分支的囊状肝小管组成，包括分泌细胞（B细胞）、吸收细胞（R细胞）、纤维细胞（F细胞）、肠腺细胞（M细胞）等。肝胰腺的主要功能是通过分泌消化酶，消化、吸收、储存营养物质。

对虾的消化道由口、食道、胃、中肠、直肠和肛门组成。口位于头部腹面，为上唇和口器所包被；口后连接短管状的食道；食道后开口连接于由贲门胃和幽门胃共同组成的胃部，胃具有磨碎食物的作用；食物经胃和消化腺的消化后进入中肠，中肠为长管状，贯穿虾体背部，由中肠前盲囊、中肠、中肠后盲囊三部分组成，在饱食状态时整个中肠呈明显的黑褐色，中肠是对虾消化和吸收营养的主要部位；中肠末端连接短而粗的直肠，食物残渣进入直肠后再由尾节腹面的肛门排出体外。

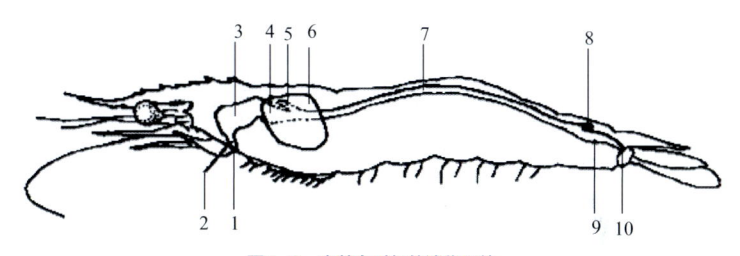

图1-6 南美白对虾的消化系统

1—口；2—食道；3—贲门胃；4—幽门胃；5—中肠前盲囊；6—肝胰腺；7—中肠；8—中肠后盲囊；9—直肠；10—肛门

5. 排泄系统

位于大触角基部的触角腺是南美白对虾的主要排泄器官，它由囊状腺体、膀胱和排泄管组成，主要承担排泄虾体废物的功能，同时还具有一定的调节渗透压和离子平衡的作用。对虾是排氨型代谢动物，代谢废物主要以氨的形式排出体外，也有部分随食物残渣经由后肠和肛门排出体外。

6. 生殖系统

南美白对虾为雌雄异体，生殖器官存在明显的雌雄差异。

雌性生殖系统包括1对卵巢、输卵管和纳精囊。卵巢位于躯体背部，左右两个卵巢对称，与输卵管相连，生殖孔位于第三步足基部；雌性交接器位于第四和第五对步足基部之间，开口内为纳精囊。对虾的纳精囊分为两种类型，具有用于储藏精子的囊状或袋状结构的为封闭型纳精囊，无囊状结构的为开放型纳精囊。南美白对虾属于开放型纳精囊，中国明对虾、日本囊对虾、斑节对虾等则为封闭型纳精囊。

雄性生殖系统包括1对精巢、输精管和精荚囊。精巢位置与卵巢位置相同，其后连接输精管，最后是一对球形的精荚囊，生殖孔开口于第五对步足基部。雄性交接器由第一游泳足的内肢变形相连而构成，中部向背方纵行鼓起，似呈半管形。

7. 神经系统

南美白对虾的神经系统属于链状神经系统，各体节的神经节多出现合并。整个神经系统由脑、食道侧神经节、食道下神经节、纵贯全身的腹部神经索和各种感觉器官组成，司虾体的感觉反射及指挥全身运动。对虾的感觉器官主要有化学感受器、触觉器和眼。其中化学感受器主要感受味觉、嗅觉的刺激；触觉器主要为分布于体壁的各种刚毛、绒毛、平衡囊；成体对虾的眼为一对具有柄的复眼，用于感受光线刺激。

8. 内分泌系统

南美白对虾的内分泌系统由神经内分泌系统和非神经内分泌系统两个部分组成。神经内分泌系统包括脑、神经分泌细胞、X器官-窦腺、后接索器、围心器等；非神经内分泌系统包括Y器官、大颚器官、促雄性腺等。内分泌系统通过分泌各种激素，调控虾体生长、性腺成熟、繁殖活动、色素活动、血液循环与呼吸活动、渗透压调节、协调各系统响应等机体各种生理功能。

9. 体壁

对虾体壁的最外层为由几丁质、蛋白质复合物和钙盐等形成的甲壳，用于支撑身体和保护脏器。甲壳下面是由结缔组织形成的底膜，具有多层的上皮细胞。在对虾生长蜕皮时，旧的甲壳被吸收、软化、蜕去，再重新由上皮细胞分泌几丁质逐渐硬化形成新的甲壳。

第三节　南美白对虾的生态习性

一、南美白对虾对生态环境的适应性

1. 水温

南美白对虾在自然海区栖息的水温为25～32℃，对水温变化有很强的适应能力，但相对而言对高温的变化适应能力要显著强于低温。它在人工养殖条件下可适应的水温为15～40℃，对高温的热限可达43.5℃（渐进式升温）。在规模化养殖生产过程中的最适水温一般为25～32℃，与它栖息的自然海域水温接近；水温低于18℃时，停止摄食，长时间处于水温15℃的低温条件下会出现昏迷状态，低于9℃时死亡。通常养殖的幼虾在水温30℃时生长速度最佳，个体质量为12～18克的大虾于水温27℃左右时生长较好；养殖水温长时间低于18℃或高于33℃时，对虾多处于胁迫状态，抗病力下降，食欲减退或停止摄食。

一般个体规格越小的幼虾对水温变化的适应能力越弱。水温上升到41℃时，个体小于4厘米的对虾12小时内全部死亡，而大于4厘米的对虾部分死亡。如果对水温进行小幅度、长时间的渐进式变化，对虾的温度适应能力会大幅提高。

2. 盐度

南美白对虾是广盐性的虾类，对水体盐度的适应范围为2‰～40‰。南美白对虾在海水、淡水、咸淡水，以及盐碱水

中均可以养成。在淡水、咸淡水环境下放养虾苗时，须经过渐进式的淡化处理，在低盐度水体条件下对虾生长速度较快。在我国湖南、湖北、新疆、内蒙古等不少地区采用淡化养殖方式进行南美白对虾的规模化养殖生产。据统计，2023年全国淡水养殖南美白对虾产量达80.8万吨，是我国淡水养殖的优质主打品种之一。

3. 酸碱度（pH）

养殖水体的酸碱度是反映水体质量的一个综合指标，通常以pH值标识它的强弱，pH值越高表明水体的碱性越大，pH越低则水体酸性越大，当pH值等于7时，水体酸碱度呈中性。

南美白对虾一般适于在弱碱性水体中生活，pH值以7.7～8.3较为适合。当水体pH值低于7时，南美白对虾会处于胁迫状态，出现个体生长不齐整，活动受限制，影响正常蜕皮生长；水体pH值低于5就不利于养殖了。而在过高的pH条件下，水中氨氮的毒性将会大大增强，同样不利于养殖对虾的健康生长。

通常养殖池塘水体的pH变化与微藻数量、光照强度和水质等因素密切相关，pH的变化往往也是水体中理化反应和生物活动状况的综合反映。天气晴朗时，微藻进行光合作用，吸收利用水中的二氧化碳，释放出氧气，促使水体pH值升高；夜晚时分或连续阴雨天气下，微藻的光合作用大幅降低，水体环境中各种生物的呼吸作用和有机物氧化分解，促使水中的二氧化碳浓度不断升高，从而造成pH值下降，池水就向酸性转化，在这种情况下可能导致腐生细菌大量繁殖，进而促使对虾病害的发生。

所以，应时常监测养殖水体的pH变化情况，若出现异常须及时查找原因并作出科学的应对处理，使对虾在非胁迫条件下健康生长。

4. 透明度

透明度反映了水体中浮游生物和其他悬浮物的数量,是对虾养殖中需调控的水质因子之一。一般在虾苗放养一个月内水体透明度控制在40～60厘米为宜,养殖中后期的透明度为30～40厘米较好。当池塘中浮游微藻大量繁殖时会造成透明度降低,到养殖中后期水色较浓时,水体透明度甚至小于30厘米。透明度过低表明水中浮游微藻和有机质过多,水体过肥,容易促使有害微生物的大量繁殖,或在养殖中后期光照不足的情况下引起水体溶解氧不足,同样严重影响对虾的健康生长。如果池塘水体营养不足,会造成浮游微藻生长不良,使透明度增大;如果池塘存在大量丝状藻或底生藻类,会大量吸收水环境中的养分,限制浮游微藻的生长繁殖,令水体透明度明显增大。水体透明度过大阳光直接照射到池底,不利于养殖对虾的安定和健康生长。此外,如果水体的有机物含量过多,或是遇到台风和强降雨天气,雨水将池塘周边的泥水和杂质冲刷到池中,水体透明度也会大幅降低,从而引起水质恶化,同样不利于对虾的健康生长。

5. 溶解氧

水体中的溶解氧是维系水生生物生命的重要因子,不仅直接影响养殖对虾的生命活动,而且与水体的化学状态密切相关。所以,水中的溶解氧含量是综合反映池塘水体环境状况的一个关键指标,在养殖过程中须予以高度的关注。

如果池塘中放养对虾密度过大,水色浓,透明度过低,水体的溶解氧含量变化也会较大。光照充足的晴好天气下,水中微藻光合作用产氧量大于水体呼吸作用的耗氧量,水体溶解氧含量出现盈余,溶氧达到较高水平,有时甚至高达10毫克/升以上。在夜间或光照强度较弱的连续阴雨天气下,微藻光合作用产氧效率大幅降低，水体中对虾、浮游生物、微生物等各种生物的呼吸作用大量耗氧，溶解氧含量处于较低水平。养殖后期水中的溶解氧含量在黎明前有时甚至可降至1毫克/升以下，导致对虾缺氧窒息大量死亡。

南美白对虾的缺氧窒息点大约在0.5～1.5毫克/升，个体规格与耐受低氧的能力存在一定的关系，个体越大耐低氧能力越差；在蜕壳生长时，虾体对溶解氧的需求会有所提高，低氧条件不利于其顺利蜕壳，甚至导致死亡。通常在南美白对虾养殖生产过程中，低密度养殖池塘的溶解氧含量应在4毫克/升以上，一般不应低于2毫克/升；在高密度养殖池塘溶解氧供给需求较高，最好能保持在5毫克/升以上，不应低于3毫克/升。

二、食性

在自然水域中，南美白对虾的幼体营浮游生活，主要以微藻、浮游动物和水中的悬浮颗粒为食，在虾苗、仔虾阶段还会摄食部分微藻和浮游动物，长到成虾阶段则主要摄食小型贝类、小型甲壳类、多毛类、桡足类等水生动物，另外还摄食部分藻类和有机碎屑。李卓佳等报道，在完全清澈的实验室水族系统中，仅依靠摄食人工配合饲料的南美白对虾的生长量只有室外养殖系统的一半。究其原因主要是因为室外养殖池塘环境中含有大量的微藻、微生物及有机碎屑颗粒，池中对虾可摄食各种饵料生物，获得平衡的营养供给，更有利于其健康生长。

在南美白对虾的养殖生产中，配合饲料的蛋白质含量达到25%～30%就足以满足生长需求，这个比例远低于中国明对虾、日本囊对虾、斑节对虾等其他主要养殖对虾种类的需求量。过量提高饲料中的蛋白质含量，不但没有促进虾体对蛋白质的消化吸收，还增加了体内负担，未完全消化吸收的部分随粪便排出，容易污染水体环境。

其次，在养殖池中南美白对虾的生长速度还与投喂频率密切相关，通常日投喂频率为4次的对虾生长速度较投喂1～2次的提高15%～18%。根据对虾的自然活动习性，可选在7:00、11:00、17:00、22:00进行投喂，一般白天可按日投喂饲料量的25%～35%进行投喂，夜间为65%～75%。但也有不同的观点认为在全人工养殖过程中，池塘水体不存在捕食对虾的敌害生物，在这种条件下对虾的摄食节律可能有所改变，考虑到日间水体光合作用产氧效率高，水体溶解氧充足，也可在日间稍稍加大饲料投喂量。在对虾工程化高密度养殖模式下，日投喂频率为6～12次，有利于促进养殖对虾生长及提高饲料利用效率。

一般南美白对虾在正常生长情况下，摄食量约占其体重的3%～5%。而在性成熟期，尤其是精巢和卵巢发育的中、后期摄食量会大幅升高，可达到正常生长期的3～5倍。所以，在亲虾的培育过程中应根据对虾个体发育适时适量地调整投喂量，同时，可增加投喂一些高蛋白的生物饵料以保证营养物质的充分供给。在虾苗和幼虾期间，可适当提高投喂量。

三、蜕壳与生长

1. 对虾的生长发育阶段

南美白对虾的发育生长可分为受精卵→无节幼体→蚤状幼体→糠虾幼体→仔虾→幼虾→成虾七个阶段。其中，仔虾后期以及幼虾之后均属于对虾养成阶段，在此之前的其他阶段均属于幼体发育阶段，需要经历多个幼体阶段，在虾苗培育场中完成。

从受精卵孵化后，须经过无节幼体（6期）、蚤状幼体（3期）、糠虾幼体（3期）和仔虾四个发育阶段，每期蜕皮一次，需经12次蜕皮。

（1）无节幼体分为6期（N1～N6），每期蜕皮一次，可根据尾棘和刚毛的数量变化鉴别；该阶段躯体不分节，有3对附肢，无完整口器，趋光性强，不摄食，依靠自身的卵黄维持生命活动；大约2天时间，即可由无节幼体变态至蚤状幼体。

（2）蚤状幼体分为3期（Z1～Z3），约每天经历1期；进入蚤状幼体期后，趋光性强，躯体开始分节，形成头胸甲，生出7对附肢，具备完整的口器和消化器官，开始摄食；3天左右，由蚤状幼体变态发育为糠虾幼体。

（3）糠虾幼体分3期（M1～M3），约每天经历1期；幼体的躯体分节更加明显，腹部的附肢开始出现，头重脚轻，在水中呈"倒立"状，摄食能力有所增强，可捕食一些细小的浮游生物；约3天后，由糠虾幼体即可发育进入仔虾阶段。

（4）仔虾阶段的躯体结构基本与成虾相似，不再以蜕皮次数分期，而以经历的天数进行分期，如仔虾第2期为P2；通常到P4～P5后，平均体长达到0.5厘米时，可根据市场需求进行出售、淡化或强化培育；选择虾苗的参考标准为个体粗壮、摄食好、运动能力强、不携带病毒、体表无寄生物，畸形和损伤小于5%，弧菌不超标；强化培育的虾苗生长到规格为体长0.8厘米以上时，即可放入到池塘中进行养成。

2. 影响对虾生长发育的主要因素

养殖对虾的生长速度与蜕壳频率和体重增长率密切相关。蜕壳频率是指每次蜕壳的间隔时间，体重增长率为每次蜕完壳后到下次蜕壳前虾体体重的增长数量。对虾的寿命约为1～2年，其间需蜕壳约50次。对虾蜕壳既受体内蜕皮激素等生理过程的调控，还与虾体体质、病害、环境、营养等因素有密切关系。

（1）水温 温度升高可使对虾的新陈代谢加快，蜕皮频率升高，使得蜕皮周期缩短。当水体温度为28℃时，南美白对虾的幼虾阶段，经30～40小时完成1次蜕壳。

（2）月球周期　南美白对虾的蜕壳过程与月亮的阴晴圆缺存在一定的联系。一般在农历每月的初一或十五前后，对虾会大量蜕壳。体重大于15克的对虾，在农历初一或十五前后5日，蜕壳的数量为总数量的45%～73%。

（3）环境因子与营养　南美白对虾蜕壳还与环境因子和营养摄取有关。在低盐度及高水温的条件下，相同时间内的蜕壳次数有所增加，水体环境突然大幅度变化或是在一些化学药物的刺激下，对虾也会产生应激性蜕壳。其次，营养供给是否均衡，也会关系到蜕壳顺畅与否，例如当钙、镁等营养元素的供给量不足时，会使养殖对虾的蜕壳相对延迟，或是在蜕去旧壳后难以重新形成新的坚硬甲壳。

（4）蜕壳的过程　对虾蜕壳多发生在夜间。临近蜕壳的对虾活动加剧，蜕皮时甲壳蓬松，腹部向胸部折叠，反复屈伸。随着身体的剧烈弹动，头胸甲向上翻起，身体屈曲从甲壳中蜕出，然后继续弹动身体，将尾部与附肢从旧壳中抽出，食道、胃以及后肠的表皮亦同时蜕下。刚蜕壳的虾活动力弱，身体防御功能也差，有时会侧卧水底；幼体和仔虾蜕皮后可正常游动。

由于养殖对虾在蜕壳体弱时易被其他同伴蚕食，所以在生产过程中可通过拌喂功能饲料或添换水等措施，尽量使同一口池塘内的对虾同步蜕壳，减少个体间相互蚕食的损失。此外，在对虾蜕壳过程中水体溶解氧的供给尤为重要，应提高增氧强度，避免水体缺氧导致蜕壳不畅甚至死亡。

四、池塘养殖南美白对虾的生长特性

南美白对虾的生长速度较快，根据不同的商品虾规格要求一般养殖时间约80～140天。在水体盐度10‰～35‰、水温25～32℃时采取合适的养殖密度，科学投喂饲料、维持良好的环境，从虾苗开始约养殖80～100天即可达到商品虾的上市规格。但在养殖生产过程中水体环境对南美白对虾的生长影响明显，例如在水泥护坡沙底高位池、铺膜高位池及滩涂土池等不同的池塘环境中，对虾的生长存在较大的差异。

1. 高位池养殖环境下的对虾生长特性

李卓佳等对不同类型高位池养殖的南美白对虾的生长情况进行跟踪研究，发现当养殖时间大于90天时，铺膜式高位池养殖的对虾无论是平均体长、平均体重还是平均肥满度均显著好于沙底高位池。但养殖时间小于60天时，两种类型高位池养殖的对虾体长、体重均无明显差异。究其原因，主要是由于高位池的对虾放养密度相对较高，到了后期养殖代谢产物积累增多且多集中于池底，而沙底池中的细沙颗粒体积小，比表面积大，容易吸附有机碎屑和滋生病原菌，加上沙底池的底部排污效果不如铺膜池好，池底污物越积越多，底部环境不断恶化，致使对虾因环境胁迫变得生长缓慢，生长速度明显差于铺膜池。所以，在对虾集约化养殖时应采取合理的养殖密度和科学的管理，避免过多的养殖代谢产物沉积池底，造成池底环境严重恶化，影响对虾的健康生长，同时也有利于最大限度降低养殖风险。

此外，在养殖过程中经常监测对虾群体的生长情况，有利于及时采取相应的管理措施，调整饲料投喂策略。体长和体重是衡量对虾群体生长的重要指标，它们之间存在显著的相关性，符合幂函数的关系特征（表1-1）。

在不同个体规格的群体中，南美白对虾的雌、雄个体存在一定的差别。在高位池养殖条件下，当对虾平均体长小于12.2厘米时，雌虾和雄虾的个体肥满度没有显著差异（$P>0.05$），而当平均体长大于12.5厘米，雌雄个体的肥满度则差异极显著（$P<0.01$）。

表1-1 高位池养殖南美白对虾的体长与体重关系

体重/克	体长/厘米									
	0	0.1	0.2	0.3	0.4	0.5	0.6	0.7	0.8	0.9
0							0.003	0.005	0.008	0.011
1	0.015	0.020	0.026	0.032	0.040	0.049	0.060	0.071	0.084	0.099
2	0.115	0.133	0.152	0.173	0.196	0.221	0.248	0.278	0.309	0.342
3	0.378	0.417	0.457	0.501	0.546	0.595	0.646	0.701	0.758	0.818
4	0.881	0.947	1.017	1.089	1.165	1.245	1.328	1.415	1.505	1.599
5	1.697	1.798	1.904	2.013	2.127	2.245	2.367	2.493	2.624	2.759
6	2.899	3.043	3.192	3.346	3.504	3.667	3.836	4.009	4.187	4.371
7	4.559	4.753	4.953	5.158	5.368	5.584	5.805	6.033	6.266	6.505
8	6.750	7.001	7.257	7.521	7.790	8.065	8.347	8.636	8.931	9.232
9	9.540	9.855	10.177	10.505	10.840	11.183	11.532	11.889	12.252	12.623
10	13.001	13.387	13.780	14.181	14.589	15.005	15.429	15.861	16.300	16.747
11	17.203	17.666	18.138	18.618	19.106	19.603	20.108	20.621	21.143	21.674
12	22.214	22.762	23.319	23.885	24.460	25.044	25.637	26.240	26.851	27.472
13	28.103	28.742	29.392	30.051	30.719	31.398	32.086	32.784	33.492	34.210
14	34.938	35.676	36.425	37.184	37.953	38.732	39.522	40.323	41.134	41.956
15	42.789	43.632	44.487	45.352	46.228	47.116	48.014	48.924	49.845	50.778

第一章 南美白对虾的特点、生物学特征和生态习性

2. 滩涂土池养殖环境下的对虾生长特性

滩涂土池所养殖南美白对虾的生长率总体呈现前高后低的趋势,这种趋势在体重相对增长率方面尤为明显(表1-2)。表明在养殖前中期对虾生长迅速,此时可根据水体环境情况适量提高营养的供给,保证虾体健康生长的营养需求;而在养殖中后期对虾生长相对缓慢的时候,可适当控制饲料的投喂,既可降低过度投喂所造成的饲料浪费,还可减轻水体环境的负担。

表1-2 滩涂土池养殖南美白对虾的相对增长率

养殖时间/天	体长/厘米	体长相对增长率/%	体重/克	体重相对增长率/%
23	3.14	26.02	0.41	206.33
30	4.10	32.67	0.91	137.91
36	4.87	17.85	1.54	84.49
44	5.83	9.39	2.65	60.18
51	6.60	5.38	3.87	22.92
58	7.32	12.73	5.29	6.73
65	7.99	2.71	6.89	9.13
72	8.62	9.54	8.65	45.37
78	9.11	6.00	10.26	9.24
85	9.65	13.36	12.23	54.50
91	10.09	7.45	13.97	17.65
100	10.70	6.5	16.66	18.68
107	11.13	5.70	18.79	12.36
114	11.53	0.31	20.92	9.61
121	11.91	0.35	23.04	7.53

在养殖中后期高位池养殖南美白对虾的生长性能要稍差于滩涂土池。选取相同体长的对虾，比较两种池塘养殖对虾的肥满度指数，结果发现当体长大于9.1厘米时滩涂土池对虾的肥满度比高位池提高4.1%以上。这可能是由于高位池的对虾养殖密度较高，随着虾体的生长，每尾虾可占有的生长空间和资源量相对低于滩涂土池，形成了一定的拥挤效应，使得虾体的体重增长受到一定的限制。

第二章

南美白对虾高效养殖技术与模式

第一节 高位池高效养殖技术与模式

一、高位池精细养殖技术与模式

(一)高位池精细养殖模式的特点

自20世纪90年代后期以来,高位池精细养殖模式成为我国发展较快的一种重要的对虾养殖模式,常见于广东、海南、福建、广西等对虾养殖主产区。该模式具有高投入、高风险和高回报的"三高"特点,尤其需要注意配套设备的正常运转和养殖管理、技术措施落实到位。

所谓高位池,指的是养殖池塘建立在高潮线以上,有利于池塘内水体的彻底排出,养殖用水采用机械提水方式,大大降低了潮汐对进排水的影响。根据池塘的底质特点可细分为铺膜池、水泥护坡沙底池、水泥池三种类型,目前以铺膜池较为常见(图2-1)。

高位池养殖集约化程度高、易于排污、便于

扫一扫

观看视频高位池精细养殖模式

图2-1 高位池

管理,整个养殖系统包括养殖池塘、沙滤式进水系统、蓄水消毒池、标粗池、高强度增氧系统、中央排污系统、独立进排水系统等一系列设施。根据水流方向,沙滤式进水系统由沙滤管、沙井、抽水管、蓄水消毒池等组成(图2-2)。把经钻孔或包埋处理的抽水管深埋于沙滩内,把进水口端延伸至海区的低潮线以下,在进水管与抽水泵相连处设置沙井,抽水时利用沙滩的沙滤作用对抽取水源进行初级过滤,提高水源质量。从沙井抽出的水源可进行二级沙滤后引入养殖池,也可直接引入蓄水消毒池中,对水源集中消毒处理,然后再将水源引入各养殖池内(图2-3)。

养殖池面积一般为2～10亩,水深1.5～3.0米。增氧机装配强度较高,一般每3亩养殖水面配备2台功率1.5千瓦水车式增氧机和2台1.5千瓦射流式增氧机。养殖密度高的池塘还采用立体式的增氧系统,同时装配水车式增氧机、射流式增氧机和池底充气式增氧设施。在有条件的地区,为保证养殖对虾溶解氧的持续供给,还配置备用发电系统,确保停电时期能维持增氧设施正常运转。

高位池的中央排污系统由池底的排污管、外排管、排水井组成(图2-4)。中央排污管设置在池塘底部中央,多为PVC管

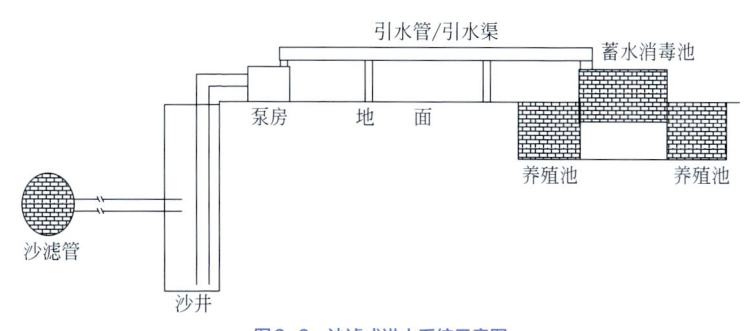

图2-2　沙滤式进水系统示意图

图2-3　蓄水消毒池

图2-4　中央排污系统（左）及排水井（右）

或铁管，根据池塘面积设置6～12根，各排污管呈中央放射状排列，一般相邻排污管间夹角为30°～60°。池底污物经排污管聚集后，由埋于池塘底部的外排管汇聚到池外的排水井。排污时通过池外排污控制管进行调节。中央排污管的管体上具有直径小于1厘米的圆孔，污染物通过圆孔进入排污管。中央排污管的管径大小根据池塘面积和排污管数量确定。

养殖过程的水质环境主要依靠人工调控，科学运用菌-藻平衡控制技术可起到优化水质、促进养殖对虾健康生长的效果。通过定期施用芽孢杆菌、光合细菌、乳酸菌、EM复合菌等有益菌制剂，构建优良菌相，抑制病原微生物的滋生，并及时降解残余饲料、对虾排泄物、浮游动植物残体及有机碎屑等养殖代谢产物，大幅减少自源性污染；不定期使用微藻营养素和理化调节剂，促进水中微藻形成优良、稳定的"水色"和合适的透明度，为对虾健康生长提供良好的生态环境。

高位池的对虾放养密度较高，根据多次收捕或一次性收获等不同收获方式的需求，放苗密度可达到10万～25万尾/亩，在实际生产中应根据养殖设施、管理水平等客观条件确定放苗密度。实施科学的管理，一般高位池对虾养殖的单产可达750～3000千克/亩。

（二）高位池的类型

1. 铺膜池

选择比重小、延伸性强、变形能力好、耐腐蚀、耐低温、抗冻性能好的土工膜，覆盖铺设养殖池塘的堤坝、池壁、池底。铺膜池（图2-5）的优点是易于清理，延缓池塘的老化，而且极大程度上减轻了养殖区土质对养殖生产的影响。在池底铺设土工膜，并配套中央排污系统，有利于养殖过程中集中池内的养殖代谢产物并排出池外，还有利于对虾收成后对池塘进行彻底的清洗、消毒，一般用高压水枪就可轻易将黏附于膜上的污物清除，再加上一定时间的暴晒和带水消毒即可把池塘清理干净，及时投入下一茬的对虾养殖。因此，铺膜池养殖对延长虾池的使用寿命，在养殖中实施有效的底质和水质管理具有良好的促进作用。目前所用的土工膜有进口的也有国产的,价格在3～10元/米^2,使用寿命为3～5年不等。在选择土工膜时除关注价格成本外,尤其应特别注意土工膜的质量,最好能选择质量有保障的名牌产品,以避免因质量问题造成土工膜破裂,导致池塘渗漏,或因土工膜使用寿命短,造成二次投资。

图2-5 铺膜池

李卓佳等人研究发现,以铺膜池养殖南美白对虾,有利于促进对虾的生长。当养殖时间大于90天时,铺膜池中的对虾平均体长、平均体重、平均肥满度均显著优于沙底高位池($P<0.05$)(表2-1),但在养殖时间小于60天时,不同底质的高位池对南美白对虾的生长无明显影响($P>0.05$)。这主要是由于沙底的细沙颗粒体积小,比表面积大,容易吸附有机碎屑和一些病原微生物,养殖代谢产物不易排出,到了养殖后期,池底污物积累过多致使对虾的底栖环境逐渐恶化,对虾因环境胁迫变得生长缓慢。所以,在养殖时要注意及时清污和科学管理,避免对虾底栖环境恶化影响其生长。

表2-1　不同养殖池对虾的体长体重对比

养殖时间/天	沙底养殖池			铺膜养殖池		
	平均体长/厘米	平均体重/克	平均肥满度/(克/厘米)	平均体长/厘米	平均体重/克	平均肥满度/(克/厘米)
30	4.1	1.05	0.255	4.3	1.23	0.287
60	5.9	2.67	0.448	6.5	3.57	0.543
90	8.2	7.61	0.923	9.3	10.63	1.143
100	9.5	11.33	1.192	9.9	12.63	1.277

2. 水泥护坡沙底池

养殖池以水泥、沙石浇灌或用砖砌成池堤和池壁，以细沙铺底。水泥护坡沙底池（图2-6）的优点是池堤和池壁比较坚固，对大风和暴雨的抵抗能力较强，还可为喜潜沙的对虾提供良好底栖环境。缺点是建筑成本相对较高；池塘经受日晒、雨淋、水体压力的影响，在使用几年后水泥护坡可能会出现裂缝，引起水体渗漏；沙底清洁困难，养殖过程产生的残余饲

图2-6　水泥护坡沙底池

料、对虾排泄物、生物残体、有机碎屑等容易沉积于池底不易清除，造成底质环境不断恶化。

　　针对上述缺陷，可采取以下几项措施进行处理。第一，在放苗前仔细检查池堤、池壁，发现有裂缝及时用沥青或水泥进行修补。第二，对池底进行彻底清理，将沉积于细沙中的有机物清理干净，若池塘经过多茬养殖，沙底无法彻底清洗干净的，可去除表层发黑细沙，换上新沙。第三，在放苗前对底质进行翻耕、暴晒、消毒，清除沙底中的有机物或病原生物，养殖过程中定期使用有益菌制剂和底质改良剂净化池底环境，减少养殖代谢产物的积累。第四，优化中央排污设施，将池塘的四个角设计成圆角形，池底形成一定的坡度，微微向中央排水口倾斜，以中央排水口为圆心，3～5米为直径，用砖块、水泥铺设一个排水区，减小池底的排水阻力，便于污物向中央排水口集中排出。

3. 水泥池

　　养殖池以水泥、沙石浇灌或用砖砌水泥覆盖涂布而成，既坚固又易于排污。水泥池（图2-7）的缺点是造价高，长时间

图2-7　水泥池

使用后池体容易出现裂缝、渗水。目前采用该类型高位池的数量和面积远少于铺膜池和水泥护坡沙底池。

综合对比三种高位池的建设成本、养护效果、养殖生产效益等因素，铺膜池更适宜南美白对虾的养殖生产。

（三）高位池精细养殖的技术流程

1. 放苗前的准备工作

（1）清理池塘及消毒除害　铺膜池和水泥池的清理方法基本相同。池塘排水后用高压水枪彻底清洗黏附于池底和池壁的污垢。在强阳光条件下晾晒3～5天（图2-8），但铺膜池和水泥池均不宜暴晒过度，否则土工膜会加速老化，水泥池可能出现裂缝导致渗漏。对于水泥护坡沙底池的清理则相对较复杂，先排干池内水体进行暴晒，使沙底表层的污物硬化结块清出池外；再用高压水枪冲洗，直到池底细沙没有污黑淤泥，池壁无污物黏附即可；然后再翻耕暴晒，直到沙子氧化变白为宜；全

图2-8　晒池

面检查池底、池壁、进排水口等处是否出现裂缝，进行补漏、维修，避免养殖过程中出现渗漏。

池塘消毒通常在放苗前两周选择晴好天气进行，用药前池内先引入少量水体，有利于药物溶解和在池中均匀散布。一般可按30～50毫克/升的浓度使用漂白粉（有效氯含量约为30%）消毒浸泡，并用水泵抽取消毒水反复喷洒池壁未被浸泡的地方，消毒时应保证池塘的边角、缝隙都能施药到位，消毒彻底，池塘浸泡24小时后将消毒水排掉，再进水清洗池底和池壁。

（2）进水及水体消毒　采用沙滤进水系统（图2-9）的水源可直接引入至虾池，无沙滤系统的水源需经过60～80目的筛绢网过滤后再进入虾池。一次性进水至水深1.2～1.5米，再用含氯消毒剂或海因类消毒剂进行水体消毒。也可采用"挂袋"式的消毒方法，将消毒剂捆包于麻包袋之中，放置进水口处，水源流经"消毒袋"后再进入池塘，从而起到消毒的效果。在对虾养殖场密集的地方，可考虑配备一定面积的蓄水消毒池，养殖过程进水时，先把水源引入蓄水消毒池处理后，再引入池塘使用。

图2-9　沙滤

（3）放苗前优良水环境的培育 由于高位池内残余的有机物少，水体营养相对贫瘠，为保证微藻的生长和藻相的持续稳定，在培育优良微藻时应该将无机复合营养素、有机复合营养素和芽孢杆菌制剂联合使用。通常在放苗前5～7天，选择天气晴好时施用无机复合营养素，为水体中的微藻提供可即时利用的营养，同时配合使用有机无机复合营养素和芽孢杆菌制剂，保持水体的营养水平。7～15天左右再反复施用两次，避免微藻大量繁殖后导致水体营养供给不足而衰亡。

2. 虾苗的选购及放养

（1）虾苗的选购 健康优质的虾苗是养殖成功的重要保证之一，最好是选择虾苗质量好、信誉度高的企业选购虾苗。条件允许的话，可先到虾苗场考察，了解虾苗场的生产设施与管理、生产资质文件、亲虾的来源与管理、虾苗健康水平、育苗水体盐度等关键问题。选购的虾苗个体全长应大于0.8厘米、虾体肥壮、形态完整、身体透明、附肢正常、群体整齐、游动活泼有力、对水流刺激敏感、肠道内充满食物、体表无脏物附着，还可采用"逆水流实验""抗离水实验""温差实验"等简易方法当场检查虾苗健康程度。为确保虾苗的质量安全还可委托有关部门检测是否携带致病弧菌和病毒。

① 逆水流实验。将少量虾苗放入圆形水盆中，顺时针搅动水体，如果虾苗逆水流游动或趴伏在盆底，说明虾苗活力较好、体质健康，若虾苗顺着水流方向漂流表明虾苗体质弱（图2-10）。

② 抗离水实验。准备一条拧干的湿毛巾，将虾苗从育苗水中取出放置在毛巾上，包埋3～5分钟后再放回育苗水体中，观察虾苗的存活情况，如果全部存活表明虾苗体质好，反之说明虾苗的健康水平差。

③ 温差实验。先从育苗池取少量水并把水温降低到5℃

图2-10 虾苗逆水流实验

左右,取少量虾苗放入冷水中5～10秒钟,再迅速捞出放回原水温的育苗水体,观察虾苗的恢复情况。如果虾苗在短时间内恢复活力说明虾苗体质健康,如果虾苗恢复缓慢甚至死亡说明健康水平差。

通常要求养殖池塘水体的pH、盐度、温度等水质条件应与虾苗池相近,如果存在较大差异的,可在出苗前一段时间要求虾苗场根据池塘水质情况对育苗池水质逐步调节,将虾苗驯化至可适应养殖池塘水质条件。

(2)虾苗的放养 南美白对虾的放苗水温最好稳定在20℃以上。以往在我国东南沿海地区第一茬虾苗放养时间多选择在清明之后,近年来由于天气条件影响,多将放苗时间推后到端午节前后或五月中上旬。目前,虾苗放养有直接放养或经过中间培育(标粗)后再放养于养殖池两种方式。

直接放养就是将虾苗直接放入池塘中养殖至收获。高位池的南美白对虾放养密度一般为每亩10万～15万尾,可依照下列综合式和产量规划式计算放苗密度。但根据不同的收获预期可适量增减。例如,定向生产小规格商品虾的放养密度还可适当提高，或计划在养殖过程中根据对虾规格及市场需求，采取分批收获的也可依照生产计划适当提高放苗密度，但总体最高不得超过每亩30万尾。

$$放苗密度（尾/亩）=\frac{计划产量（千克/亩）\times 计划对虾规格（尾/千克）}{经验成活率}$$

经验成活率依照往年养殖生产中对虾成活率的经验平均值估算。

虾苗运至养殖场后，先将密闭的虾苗袋放入虾池中漂浮浸泡30~60分钟（图2-11），使虾苗袋内的水温与池水温度相接近，以便虾苗有一个逐渐适应池塘水温的过程。然后取少量虾苗放入虾苗网置于池水中"试水"半个小时左右，观察虾苗的成活率和健康状况，确认无异常现象再将漂浮于虾池中的虾苗袋解开，在池中均匀放苗。放苗时间应选择在天气晴好的清早或傍晚，避免气温高、太

图2-11　虾苗袋漂浮浸泡

阳直晒、暴雨时放苗，应选择避风处放苗，避免在迎风处、浅水处放苗。放苗时应准确填写虾场放苗记录表（表2-2）。

表2-2 虾场放苗记录表

虾苗来源		是否有检疫证	
弧菌数量		虾体活力情况	
病原携带情况	肝肠胞虫（EHP）□ 急性肝胰腺坏死病（AHPND）□ 十足目虹彩病毒1（DIV1）□ 白斑综合征病毒（WSSV）□ 传染性皮下及造血组织坏死病毒（IHHNV）□ 桃拉综合征病毒（TSV）□ 偷死野田村病毒（CMNV）□ 弧菌□		
塘号	面积	放养虾苗量	混养品种及数量

中间培育俗称"标粗"，指先将虾苗放养至一个相对较小的水体集中饲养一段时间（20~30天），待生长到虾体长约3~5厘米后再移到养成池进行养殖。通常标粗池的虾苗放养密度为120万~160万尾/亩。中间培育（标粗）过程中投喂优质饵料，前期可加喂虾片和丰年虫进行营养强化，达到增强体质、提高抗病力的效果。采用中间培育（标粗）的方法可提高前期的管理效率，提高饲料利用率和对虾的成活率，增强虾苗对养殖水环境的适应能力。通过把握好中间培育（标粗）与养成阶段的时间衔接，可缩短养殖周期，实现多茬养殖。

进行虾苗中间培育（标粗）时应注意：①放苗密度不宜过大，以免影响虾苗的生长；②时间不宜过长，一般培育

20～30天幼虾达到体长3～5厘米，就应及时分疏养殖；③幼虾分疏到养成池时，应保证池塘水质条件与标粗池接近，分池时间选择在清晨或傍晚，避免太阳直射，搬池的距离不宜过远，避免幼虾长时间离水造成损伤，整个过程要防止幼虾产生应激反应。

3. 科学投喂

选择人工配合饲料应遵循以下几个原则：营养配方全面，满足对虾健康生长的营养需要；产品质量符合国家相关质量、安全、卫生标准；饲料系数低、诱食性好；加工工艺规范，水中稳定性好、颗粒紧密、光洁度高、粒径均一、粉末少。

在饲料投喂过程中，应把握好投喂时间、投喂量和及时观察三个重要环节。一般在放苗第二天虾苗稳定后即可投喂饲料，若水中浮游动植物的生物量高，能为虾苗提供充足的饵料生物，可在放苗三四天后再开始投喂饲料，但最好不要超过一周。养殖过程中根据对虾规格对应选择0号至2号饲料。在放苗的一两周内可适当投喂一些虾片和丰年虫有利于提高幼虾的健康水平。日常的饲料投喂时间需根据南美白对虾的生活习性进行安排，高位池养殖每天投喂饲料3～4次，可选择在7：00、11：00、17：00、22：00进行投喂，日投料量一般约为池内存虾重量的1%～2%，通常早上、傍晚多投，中午、夜间少投。投喂饲料时应全池均匀泼洒，使池内对虾均易于觅食。为准确把握投喂量，投料后应及时观察对虾的摄食情况。饲料观察网安置在离池边3～5米且远离增氧机的地方，每口池塘设置2～3个观察网，具有中央排污的池塘还应在虾池中央安设一个，用于观察残余饲料及中央池水污染状况。养殖过程中还应不定期抛网检查对虾生长情况和存活量，根据池塘对虾的数量和大小规格，及时调整饲料型号和投喂量（图2-12、图2-13）。

虾片　　　　　　　　　　0号料

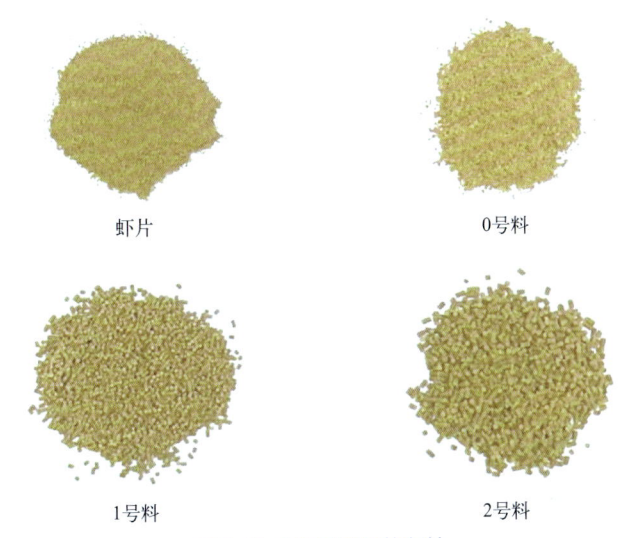

1号料　　　　　　　　　　2号料

图2-12　不同粒径的对虾饲料

图2-13　饲料的投喂

检查饲料观察网的时间在不同的养殖阶段有所差别,养殖前期(30天以内)为投料后2小时,养殖前中期(30～50天)为投料后1.5小时,养殖中后期(50天至收获)为投料后1小时。每次投料时在饲料观察网上放置的饲料为当次投料量的1%～2%,当观察网上没有剩余饲料且网上聚集虾的数量较多,8成以上对虾的消化道存有饲料,可维持原来的投料量;网上无剩余饲料,聚集虾的数量少,对虾消化道中饲料不足,则需适当增加饲料量;如果观察网上还有剩余饲料即表明要适量减少饲料投喂量(图2-14、图2-15)。

图2-14 饲料观察网摄食情况观察(投喂量过大)

图2-15 饲料观察网摄食情况观察

此外，还应该根据天气和对虾情况酌情增减饲料投喂量，养殖前期多投，中后期"宁少勿多"；气温突然剧烈变化、暴风雨或连续阴雨天气时少投或不投，天气晴好时适当多投；水质恶化时不投；对虾大量蜕壳时不投，蜕壳后适当多投。

扫一扫

观看视频高位池饲料的投喂

4. 水环境管理

由于养殖密度高和缺乏底泥生态系统的缓冲，高位池中水体环境相对较为脆弱，主要依赖人工调控稳定水质。一般高位池养殖南美白对虾的水温为20～32℃、盐度为50‰～35‰，水温和盐度的日变化幅度不应超过5个单位；适宜pH为7.8～8.6，日变化不宜超过0.5。溶解氧大于4毫克/升以上；透明度30～50厘米；氨氮小于0.5毫克/升，亚硝酸盐小于0.2毫克/升。

（1）养殖过程水环境管理的基本原则　养殖前期实行全封闭管理。放苗前进水1.2～1.5米之后30天内不换水。根据水色状况和天气情况，施用有益菌制剂和微藻营养素，维持稳定的菌藻密度及优良的菌相和藻相，保持水体的"肥"和"活"（图2-16、图2-17）。

养殖前中期实行半封闭管理。放苗一个月后随着饲料投喂量的增加，水体中的养殖代谢产物开始增多，此时可逐渐加水至满水位，并根据水质变化和水源的质量情况适当添（换）水，一次添（换）水量约为养殖池水容量的5%～10%。同时，科学使用有益菌制剂和水质改良剂为水体"减肥"，保持养殖水环境的稳定。

养殖中后期实行有限量水交换。放苗50天后进入中后期，虾池自身污染日渐加重。此时应适当控制饲料的投喂，实施有限量水交换排出池底污物（3～5天换水10%～20%），加强使

蛋白核小球藻	绿色颤藻	波状石丝藻	微小原甲藻
Chlorella pyrenoidosa	*Oscillatoria chlorine*	*Lithodesmium undulatum*	*Prorocentrum minimum*
条斑小环藻	普蒂双鞭藻	锥状斯克里普藻	钟形裸甲藻
Cyclotella striata	*Eutreptia pertyi*	*Scrippsiella trochoidea*	*Gymnodinium mitratum*

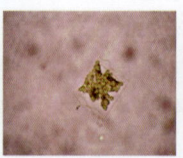

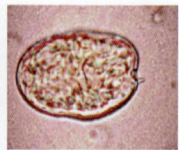

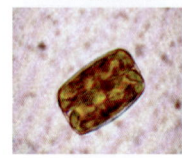

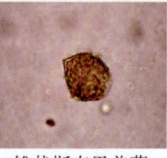

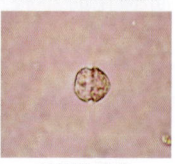

图2-16　对虾养殖池塘常见优势微藻

黄绿色水　　茶色水　　绿色水

图2-17　常见优良水色

用有益菌制剂和水质改良剂净化水质，强化增氧使日均溶解氧保持在4毫克/升以上。通过"控料""换水""用菌""高氧"等措施稳定水质，保持水体"活""爽"。

（2）水环境管理的具体措施

① 适量换水。换水可移除部分养殖代谢废物，改善底质状况，降低水体营养水平，控制微藻密度，适当调节水体盐度和透明度，调节水温，刺激对虾蜕壳。应根据养殖池内水质状况适时适量进行换水，可秉持"三换""三不换"的原则。

"三换"指的是：水源条件良好，理化指标正常且与池内水体盐度、温度、pH等相差不大时可换；高温季节时水温高于35℃，天气闷热，气压低，在可能骤降暴雨前尽快换水，避免池塘水体形成上冷下热的温跃层现象，暴雨过后可适当加大排水量，避免大量淡水积于表层形成水体分层；池内水质环境恶化，对虾摄食量大幅减少时可适当换水，例如池底污泥发黑发臭，水中有机质过多，溶解氧日均低于4毫克/升，水色过浓、透明度低于25厘米，或浮游动物过量繁殖、透明度大于60厘米，水体酸碱度异常、pH低于7或高于9.6。出现上述情况均可适当换水，换水不宜过急、过多，避免大排大灌，以免环境突变，使对虾产生应激反应而发病和死亡，一般换水量不得超过池内总水量的30%。

"三不换"指的是：当对虾养殖区发生流行性疾病，为避免病原细菌和病毒的传播不宜换水；养殖区周边水域发生赤潮、水华或有害生物增多时不宜换水；水源水质较差甚至不如池内水质时不宜换水。

不同养殖阶段换水的措施应有所区别。通常养殖前期池水水位较低只需添加水而不排水，可以随对虾生长逐渐增加新鲜水源。养殖中期适当加大换水量，每5～7天换水一次，每次换水量为池塘总水量的5%～10%。养殖后期随着水体富营养化程度升高，可逐渐加大换水量，每3～5天换水一次，每次换水量为池塘总水量的10%～20%。

② 微生态调控。利用有益菌、水质/底质改良剂调控水质（图2-18），促进养殖代谢产物的及时分解转化，达到净化和稳定水质的目的。目前，高位池养殖中常用的有益菌制剂主要包括芽孢杆菌、光合细菌、乳酸杆菌等。其中芽孢杆菌制剂需定期使用，促进有益菌形成生态优势，抑制有害菌的滋生，加强养殖代谢产物的快速降解，促进优良微藻的繁殖与生长，维持良好藻相。光合细菌制剂和乳酸杆菌制剂根据水质情况不定期施用。光合细菌主要用于去除水体中的氨氮、硫化氢、磷酸盐等，减缓水体富营养化，平衡微藻藻相，调节水体pH值；乳酸杆菌用于分解小分子有机物，去除水中亚硝酸

盐、磷酸盐等物质，抑制弧菌滋生，起到净化水质、平衡微藻藻相和保持水体清爽的效果。防控以蓝藻、甲藻等有害微藻为优势藻的藻相，形成以绿藻、硅藻等有益微藻为优势藻的藻相。

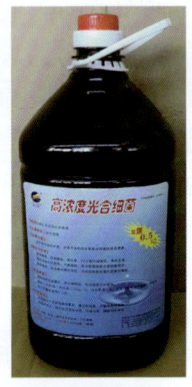

图2-18　有益菌制剂产品

不同类型菌剂的使用方法有所不同。在高位池养殖过程中芽孢杆菌的使用量相对较大，以池塘水深1米计，有效菌含量为10亿/克的芽孢杆菌制剂，在养殖前期"养水"时用量为1.5～3千克/亩，养殖过程每隔7～10天施用1次，直到养殖收获，每次施用量为1.0～1.5千克/亩。使用时，可直接泼洒使用，也可将菌剂与0.3～1倍的花生麸或米糠混合搅匀，添加10～20倍的池水浸泡发酵8～16小时，再全池均匀泼洒，养殖中后期水体较肥时适当减少花生麸和米糠的用量。光合细菌制剂在养殖全程均可使用，以池塘水深1米计，有效菌含量为5亿/毫升的液体菌剂，每次施用量为3.0～5.0千克/亩，大约每10～15天使用1次；若水质恶化、变黑发臭时可连续使用3

扫一扫

观看视频光合细菌制剂的使用

天，水色有所好转后再每隔7～8天使用1次。乳酸杆菌制剂的用量以池塘水深1米计，有效菌5亿/毫升的液体菌剂，每次用量为2.5～4.5千克/亩，每10～15天使用1次；若遇到水体溶解态有机物含量高、泡沫多的情况，施用量可适当加大至3.5～6千克/亩。施用有益菌制剂后3天内不宜使用消毒剂，若确实必须使用消毒剂的，应在消毒2～3天后重新使用有益菌制剂。

在采用由水车式增氧机、射流式增氧机、充气式增氧机组合的立体增氧系统的高位池，可考虑在养殖中后期应用菌碳调控技术促进水体生物絮团的形成，提高异养细菌丰度，提高水体菌群的物质转化效率，同时为养殖对虾供给丰富的生物饵料，降低饲料系数。一般可在原有微生态调控技术的基础上，按3天1次的频率，以每日饲喂饲料重量的50%施用糖蜜，同时配合使用一定量的芽孢杆菌制剂，在天气晴朗的上午，第一次投喂饲料1小时后，称取所需糖蜜和芽孢杆菌制剂与池塘水混合搅拌均匀后全池泼洒。应用碳菌调控技术时，尤其须注意保证水体日均溶解氧含量大于4毫克/升和pH日均值稳定于7.5～8.6。张晓阳等采用该技术养殖南美白对虾，养殖产量和净利润分别提高了19%和31%，饲料系数及养殖成本分别降低了22%和5%。

③ 适时使用水质、底质改良剂。使用理化型水质、底质改良剂，利用物理、化学的原理通过絮凝、沉淀、氧化、络合等作用清理水体中的养殖代谢产物，达到清洁水质，改善水环境的效果。常用的理化型水质、底质改良剂包括生石灰、沸石粉、颗粒型增氧剂（过氧化钙）、液体型增氧剂（双氧水）、腐植酸等。

a. 生石灰，学名氧化钙，具有消毒、调节pH、络合重金属离子等作用。一般在高位池养殖的中后期使用，特别是在暴雨过后使用生石灰调节pH。每次用量为5～10千克/亩，具体应根据水体的pH情况酌情增减。

b. 沸石粉是一种碱土金属的铝硅酸盐矿石，内含许多大小均一的空隙和通道，具有较强的吸附效用，可吸附水体中的有机物、细菌等，还可起到调节池水pH的作用。养殖全程均可使用，一般每15～30天使用一次，养殖前期每次施用量为5～10千克/亩，中后期每次施用量为15～20千克/亩。

c. 过氧化钙为白色或淡黄色结晶性粉末，粗品多为含结晶水的晶体，通常被制成颗粒型增氧剂，也有部分为粉剂型增氧剂。过氧化钙的化学性能不稳定，入水后容易与水分子发生化学反应，释放出初生态氧和氧化钙，初生态氧具有较强的杀菌力。因此，它既可提高水体溶解氧含量，还可起到杀菌、平衡pH、改良池塘底质的作用。在高位池养殖中后期可经常使用，夜晚可按1～1.5千克/亩全池泼洒，预防对虾缺氧；在气压低、持续阴雨的条件下，对虾尤其容易在夜晚发生缺氧，可按1～2千克/亩全池泼洒，有利于缓解对虾缺氧症状。

d. 双氧水是一种在养殖过程中常见的液体型增氧剂，其学名为过氧化氢溶液，为无色透明液体，含2.5%～3.5%的过氧化氢，浓双氧水含过氧化氢26%～28%。它具有良好的增氧、杀菌作用。使用时可考虑利用特制的设备灌至池底，可有效缓解对虾缺氧症状，同时也可有效改善池塘水质和底质环境。

④ 增氧机的使用。增氧机是水产集约化养殖中必不可少的设施，它不仅可以提高养殖水体中的溶解氧含量，还可促进池水水平流动和上下对流，保持水体的"活""爽"。通常在高位池养殖中，较为常用的有水车式增氧机（图2-19）、射流式增氧机（图2-20）、充气式增氧机，其中以二至四叶轮的水车增氧机（图2-21）最为常见。在高密度的对虾高位池养殖中，可选择不同类型的增氧机组合使用，强化水体的立体增氧效果

（图2-22）。水层增氧系统按每3亩养殖水面配备2台功率0.75千瓦水车式增氧机和2台1.5千瓦射流式增氧机，底层充气式增氧依靠鼓风机连接导气系统，在池塘底部均匀安置散气管、纳米管或散气石等，水底的气孔压强3～10千帕，直接将空气导入水体中，达到增氧效果。增氧机的使用与养殖密度、气候、水温、池塘条件及配置功率有关，须结合具体情况科学使用，才能起到事半功倍的效果。

图2-19　水车式增氧机

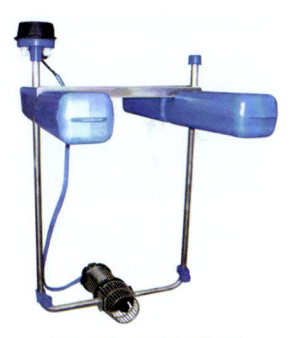

图2-20　射流式增氧机

图2-21　二叶轮和四叶轮的水车增氧机

养殖前期（30天内）池中的总体生物量较低，一般不出现缺氧的状况，开启增氧机主要是促进水体流动，使微藻均

图2-22 立体增氧

匀分布，提高微藻的光合作用效率，保证"水活"（图2-23）。养殖前中期（30～50天）对虾生长到一定规格，随着池中生物量增大，溶解氧的消耗不断升高，需要增加人工增氧的强度。在天气晴朗的白天，微藻光合作用增氧能力较强，一般可不开或少开增氧机，但在夜晚至凌晨阶段以及连续阴雨天气时，应保证增氧机的开启，确保水体中溶解氧日均含量大于4毫克/升。养殖中后期（50天～收获）对虾个体相对较大，池

图2-23 合理布局增氧机推动水体形成环流

内总体生物量和水体富营养化程度不断升高,要保持水中溶解氧的稳定供给,尤其须防控夜晚至凌晨时分对虾出现缺氧状况。这个阶段增氧机可全天全部开启,只在投喂饲料后一两个小时内稍微降低增氧强度,保留一两台增氧机开启,减少水体剧烈运动以便对虾摄食。

5. 日常管理工作

日常管理工作是否到位是决定养殖成功与否的关键之一。养殖过程中应及时掌握养殖对虾、水质、生产记录和后勤保障等方面的情况,并做出有效的应对管理措施。作为养殖管理人员每天须做到至少早、中、晚三次巡塘检查。

观察对虾活动与分布情况。及时掌握对虾摄食情况,在每次投喂饲料 1~2 小时后观察对虾的肠胃饱满度及摄食饲料情况。定期测定对虾的体长和体重,养殖后期每隔 15~30 天抛网估测池内存虾量,及时调整不同型号的饲料,决定收获时机(图 2-24)。观察中央排污口是否漏水,每天在中央排污口处仔细观察是否有病死虾,估算死虾数量。

图 2-24 养殖后期抛网测产

观察水质状况，调节进排水。每天测定温度、盐度、溶解氧、pH、水色、透明度等指标，每周监测溶解氧、氨氮、亚硝酸盐、硫化氢等指标，定期取样检测浮游生物的种类与数量，采取措施调节水质，稳定水中的优良藻相，防止有害生物的大量生长（图2-25）。

图2-25　现场监测水质指标

饲料、药品做好仓库管理，进、出仓需登记，防止饲料、药品积仓。做好养殖过程有关内容的记录（如放苗量、进排水、水色、施肥、发病、用药、投料、收虾等），整理成养殖日志，以便日后总结对虾养殖的经验、教训，实施"反馈式"管理，建立水产品质量可追溯制度，为提高养殖水平提供依据和参考。

每天检查增氧机的开启情况，检查增氧机、水泵及其他配套设施是否正常运作，定期试运行发电机组。清除养殖场周围杂草，保障道路通畅，保障后勤，改善工人福利。

6. 收获

收获时机的把握与养殖效益密切相关。当养殖对虾达到商品规格时，若市场价格合适，符合预期收益，可考虑及时收获。如果养殖计划为高密度放苗分批收获的，应实时掌握对虾的生长情况，根据市场需求和虾体规格适时收获，利用合适孔径的捕虾网进行"捕大留小"式收获，降低池塘对虾的密度，再进行大规格对虾的养殖。当养殖周边地区出现大规模发病的迹象，预计可能会对自身的养殖生产产生不良影响时，也应考虑适时收虾。收获前应参看生产记录，确定近期未用药情况，满足休药期要求，再抽样检测保证质量安全才收获出售。

收获时，先排出池塘水至水深40～60厘米，再以渔网起捕装箱，当池中对虾不多时再排干池水收虾。采用分批收获的，在第一次起捕后应及时补充进水，并根据水质和对虾健康状况，施用抗应激的保健投入品和底质改良剂，提高对虾抗应激能力，稳定池塘水质，在2～3天内还应加强巡塘和强化管理，避免存池对虾应激大量死亡。存池对虾经过一定时间生长到较大规格收获时，再参考上述方法进行收获操作。

7. 养殖污物及尾水的处理

为保障养殖区水域环境不受污染，保证对虾养殖生产的可持续发展，最好在养殖区域设置养殖尾水排放渠，尾水在沟渠中进行综合生态净化处理后再行排放或循环利用。在养殖尾水排放沟渠中合理布局，放养一些滤食性的鱼、贝类、大型藻类或水生植物，并安置一定体积的有益微生物附着膜或其他简易介质。利用滤食性鱼、贝类滤食水体中的有机颗粒和细小生物，大型藻类、水生植物吸收溶解性的营养盐，微生物降解水中的溶解性和悬浮性有机质，通过不同生物的生态链式净化处理、降解、转化、吸收养殖尾水中的污染物，实现水体净化。

二、越冬棚高效养殖技术与模式

（一）越冬棚养殖模式的特点

南美白对虾在南方地区全年大部分时间均可养殖，在冬季和初春，自11月中下旬到次年4月中上旬水温相对较低，其中年初的水温在15～20℃，露天池塘不能进行对虾养殖生产。因此，这段时间市场上的鲜活对虾大量减少，价格升高，商品虾售价增加80%～100%，甚至更多。如果在这期间进行养殖可获得较高的经济效益。对此，广东、福建以及广西等部分地区的养殖户通过搭建越冬棚增温的方式开展养殖生产，其中主要以低盐度淡化养殖区、高位池养殖区为主（图2-26）。

图2-26 高位池越冬棚养殖

总体而言，进行越冬棚养殖的成本和风险相对较大。具体体现为越冬棚、强化增氧系统、地下水供应系统等基础设施建设投资大；对虾养殖周期长；对养殖技术和管理水平的要求较高，棚内光照强度弱，微藻藻相不易培养，水体环境封闭、空气交换量少，水质和底质易恶化等，水体环境的养护完全依靠人工调控，相应的水环境调节剂、有益菌制剂和益生免疫增强剂的使用量也相对较高。虽然存在上述种种风险，但一旦成功即可获得可观的养殖效益。

（二）越冬棚养殖的技术流程

1. 越冬棚搭建

华南地区一般在10月下旬完成越冬棚的搭建工作，具体时间应该根据各地的气候特点，在冷空气到来前完成搭建即可，到次年天气稳定、气温升高到23℃以上时再将越冬棚拆除。越冬棚的主要构件包括支架、支撑网、池边固定桩（图2-27）、薄膜、固定网等，总体原则是必须坚固稳定。支架应能承受至少2～3个成年人的体重，支架和钢缆的承载力应根据往年当地风力大小的规律而定，塑料薄膜可选用透光性强的白色薄膜，气温低的地区可选择略厚的薄膜。就建越冬棚的构件材质

图2-27　池边固定桩

而言，在不同的地区存在一定差别，一般用于搭建支架的耗材有杉木、水泥杆、钢管或竹木等（图2-28、图2-29）；支撑网有钢丝、尼龙绳或竹木片；薄膜有厚度不一的透光性白色塑料膜，有的厚度为0.4～0.5毫米，有的为0.7～0.8毫米；覆盖网格有的会选择尼龙网，有的则没有覆盖网格。根据罗俊标等人的介绍，搭建越冬棚时，先以直径为5.0～10厘米的杉树圆木，按间距1.2～1.5米的间距架设桩柱；以直径2.5～4毫米、抗拉强度大于1500兆帕、破断拉力大于5000牛顿的钢丝搭建支撑网格，钢丝间距0.5米左右；在支撑网格上平铺塑料薄膜，然后于薄膜上面设置固定网格，网格钢丝间距1米左右朝支撑网格的垂直方向拉压钢丝，令薄膜保持平展；再将钢丝紧固在池塘周围的固定桩上，最后用绑扎铁丝把位于薄膜上下层的支撑网格和固定网格捆接固定（图2-30）。福建地区搭建越冬棚，有的会选择使用竹木片搭建支撑网格，利用厚度适

图2-28 木结构棚　　　　图2-29 由钢管搭建支架的冬棚

图2-30　越冬棚的钢丝固定网格与塑料薄膜

宜的竹木片弯拉成弧形进行固定，然后再铺盖薄膜固定。使用竹木片的支撑网格，在降雨时薄膜不易积水，防风能力也较强，但冬棚的造价远高于钢丝网格，并且在收获对虾时会造成一定的困难，不适宜采用捕虾网大批量捞捕而是采用网笼诱捕的方法进行收获。

防止雨水积聚于棚上是搭建越冬棚时需注意的一个重要因素，对此可将薄膜面搭设形成一定的倾斜角，且保持表面平顺，以利于降雨时雨水顺势排流不形成积水。棚架边缘的衔接部位也是容易形成积水的重点位置，可在该处的薄膜上扎若干小孔便于积水排漏（图2-31）。另外，还可在池边固定桩附近挖设导流沟，沟渠不必太宽太深，迅速将棚顶流下来的雨水排出，以免积水回流池塘造成池水水温下降、水质剧变。

2. 养殖前的准备工作

（1）池塘清理与消毒　铺膜池和水泥池直接使用高压水枪进行冲洗（图2-32）；土池可使用高压水枪冲洗或待池塘积水

图2-31　冬棚薄膜上的小孔

图2-32　清洗池塘

晒干后使用机械将淤泥清除，并对池底进行平整，暴晒一段时间，令底泥呈龟裂状为好。同时，修补加固池堤及进、排水口处防止出现渗漏。用生石灰或漂白粉化水全池均匀泼洒彻底消毒池塘。土池底泥呈酸性的使用生石灰，每亩用量为100～200千克；底质为非酸性的使用漂白粉，每亩用量为

10～20千克。

（2）进水、消毒与浮游生物培养　进水时，使用地下水或沙滤海水的可以直接将水源引入池塘，河口区池塘进水应在进水闸口或水泵的出水管处安装60～80目的筛绢网过滤水源。一般可先进水至1米水位左右，养殖过程中根据实际情况再逐渐添加。若进水不便的地方可根据池塘深度情况一次性进水到满水位。根据虾苗驯化情况，使用天然海水、海水晶或盐卤调节水体盐度。依照安全用药的原则使用生石灰、漂白粉、茶籽饼等水产常用消毒剂进行消毒，杀灭有害菌、杂鱼、杂虾、杂蟹、小贝类等影响对虾养殖的生物种类。用茶籽饼或生石灰消毒后无须排掉残液，使用其他药物消毒的尽可能把药物残液排出池外。消毒2～3天后使用EDTA钠盐等制剂络合环境中可能存在的重金属离子或残留消毒药。

进水消毒2天后，使用芽孢杆菌制剂和微藻营养素，培养优良微藻构建良好的菌相和藻相。铺膜池、水泥池或新建土池施用有机无机复合营养素，池底有机质丰富的施用无机复合营养素；有机粪肥依照本章节前述方法，经过充分发酵后再适量施用。对于淡化养殖地区，考虑到水体环境的缓冲力相对较弱，养殖前期微藻繁殖旺盛时容易导致pH值偏高，可使用乳酸菌制剂，将之与米糠、红糖充分发酵后进行全池泼洒，可达到稳定pH的良好效果。通常在首次"施肥"7～10天后，应按照上述方法追施微藻营养素和芽孢杆菌制剂，反复2～3次，以维持充足的水体营养供微藻吸收利用，达到稳定微藻藻相和水质的效果。

3. 虾苗放养与中间培养

向信誉好、虾苗质量稳定的育苗企业选购虾苗，依照本章节前述方法检查测试虾苗的质量状况，并用养殖池塘水体对虾苗进行测试，确保虾苗驯化水体盐度与养殖池接近。在生产中，大多数养殖者采用的是先搭棚后放苗的方式，也有少部分的养殖者先放苗再搭建冬棚。已经放养虾苗的池塘盖棚时，拉盖薄膜的速度不宜过快，一般应有一周左右的过渡期，防止造成水质剧烈变化和对虾应激。放苗时的水温应在25℃以上，选择晴天的白天放苗，避免在寒潮、阴雨连绵等恶劣天气放苗。放养密度视养殖模式、硬件设备、管理水平而定，一般土池养殖放苗密度为6万～10万尾/亩，具有底部排污的铺膜池和水泥池养殖放苗密度为10万～20万尾/亩，放苗时尽量做到一次放足，以免后期补苗。进行越冬棚对虾养殖的放苗密度一般要高于常规养殖，这主要是考虑到养殖期间气温偏低、对虾生长速度慢，加之收获、出售小规格商品虾的价格不低，可降低养殖风险。放苗后可在水体适量泼洒维生素和葡萄糖、红糖等，增强虾苗的抗应激能力和对池塘环境的适应能力。

计划进行虾苗中间培养（标粗）的，可先在池塘边方便操作的地方用防水塑料布架设围隔，将围隔内水体的盐度调节至与虾苗场培苗水体一致，再把虾苗放入围隔中集中培养，培养过程投喂虾片等高蛋白优质饵料，同时逐步淡化围隔内水体的盐度，使之与外围池塘水体的盐度接近。养殖10～15天，虾苗生长到一定规格并且较好适应围隔外水质条件后，拆除塑料布，让幼虾均匀散布于池塘中进行养殖。

4. 科学投喂

越冬棚养殖期间温度相对较低，对虾摄食要稍差于常规养殖季节，加之水源受到限制，因此应做到科学投喂饲料（图2-33），提高饲料利用率，减少残余饲料对水质的影响，适当使用维生素、益生菌、免疫多糖、中草药等营养免疫调控剂拌料投喂，增强对虾体质和抗应激机能。

图2-33 饲料的投喂

直接放苗的池塘，如果池塘中的微藻藻相良好，枝角类、桡足类、原生动物等浮游动物饵料丰富，虾苗放养后一两周可适当减少饲料投喂，若饵料生物相对不足可混合投喂适量的虾片等高蛋白的优质人工饵料。进行虾苗中间培养（标粗）的可增加投喂虾片、丰年虫或其他优质饵料，增强幼虾的体质。

扫一扫

观看视频越冬棚养殖中饲料的投喂

养殖过程主要投喂南美白对虾人工配合饲料，有的养殖户考虑到低温因素影响会选择投喂蛋白含量稍高的斑节对虾饲料。无论使用哪种品牌或类型的饲料，均应选择信誉高、服务好、质量稳定的产品。一般每天投喂饲料3～4次，根据对虾个体规格选择适合型号的饲料。虾片、开口料和0号饲料需加水搅拌后投喂，投喂区域主要是浅水处，以利于幼虾摄食；成虾阶段投喂饲料时应全池均匀泼洒，使池内对虾均易于觅食。在池边便于操作的地方安放2～3个饲料观察网，每次投喂时在观察网上放置1%的饲料，待对虾摄食一定时间后检查观察网剩余饲料情况，一般检查时间为养殖前期1.5～2小时，养殖中期1～1.5小时，养殖后期1小时，根据观察网上的余料和对虾消化道饱满状况适量增减下次的投喂量。养殖中后期根据对虾健康水平拌喂适量的维生素、矿物质、益生菌、免疫多糖、中草药等免疫增强剂，增强虾的体质，提高抗病机能。对于淡化养殖池塘，由于水体中的钙、镁离子含量偏低，在养殖中、后期对虾蜕壳相对集中时，可拌喂一些钙、镁离子制剂，以满足对虾对钙、镁的需求。

此外，在饲料投喂过程中还应该综合考虑天气、水质和对虾健康状况等因素。阴雨、气压低、气温骤降时不投或少投；水体氨氮或亚硝酸盐偏高、水色过浓变暗、底质恶化、水环境不良时不投或少投；发现观察网上或水面漂浮死虾、虾只大面积惊跳、池边出现部分对虾在水面浮游且肠道无饲料、肝胰腺发红、糜烂或萎缩、身体发红的情况，表明对虾健康状况不佳，应停止投喂饲料一段时间并及时进行处理，待虾体恢复正常后再逐渐恢复投喂。

对临近上市的对虾，可根据池塘水环境和当地水产品供应情况，适量投喂一些低值贝类等鲜活饵料达到催肥对虾的效果，但须严格控制投喂量，宜少不宜多；同时，还应通过配合使用有益菌制剂或进行少量排换水的措施，保持水质稳定，避免残余鲜活饵料败坏水质。鲜活饵料投喂前须经消毒处理，避免带入病原生物，诱发对虾病害。

5. 水环境管理

（1）封闭与半封闭型的水质管理　　养殖过程实施封闭或半封闭的水环境管理，主要通过合理使用有益菌制剂、水质和底质改良剂、强化增氧等措施进行水质调控。由于低温季节池塘水体与水源水的温度存在较大差距，通常会少换水甚至不换水。高位池越冬养殖在排污后和养殖后期水体富营养化严重时，会少量换水；土池越冬养殖则一般不换水，只是在水质差、藻相不良时少量添加新鲜水源。进水时最好选择在天气晴好的午后，尽量减少水体温差的影响。

（2）水体微生态调控　养殖过程中每7～15天定期使用芽孢杆菌制剂；水体出现水色浓、微藻过度繁殖、氨氮过高和阴雨天气时使用光合细菌制剂；水质出现老化、溶解态有机物多、亚硝酸盐高、pH过高时使用乳酸杆菌制剂；养殖前期水体透明度大、微藻生长繁殖不足或养殖中后期微藻藻相老化时，可使用肥水型的乳酸杆菌或光合细菌制剂。通过合理使用不同类型的有益菌，及时分解水中的养殖代谢产物和其他有机质，消减水体富营养化，维持优良微藻藻相，有效降低水中氨氮、亚硝酸盐的含量，防止水质恶化，为养殖对虾提供一个优良的栖息环境。同时，有益菌制剂的使用还有利于促进优良菌相的形成和稳定，抑制弧菌等有害菌形成优势，对防控对虾病害具有重要意义。

越冬棚养殖过程中，由于棚内空气流通少、温度和光照强度低，水环境中有机质分解速度受到一定程度的限制，水中可被微藻直接吸收利用的营养盐相对缺乏，影响了微藻的生长和光合作用。因此水色时常出现"发暗"或"浑浊"的现象，这往往也是微藻藻相趋于老化的一个重要表征。对此，除了使用肥水型的有益菌制剂外，还可适量添加一些微藻无机营养素或氨基酸营养素，用以缓解微藻营养供给不足的问题，促进优良微藻的生长繁殖，对养护和维持优良藻相，防止藻相剧烈变动，稳定水体环境具有重要作用。

（3）强化增氧　诚如上述原因分析，相对于常规季节养殖，越冬棚内水体微藻光合作用增氧效率大幅降低，严重影响了水中溶解氧的供给。为有效提高增氧效果，除了保证水车式或叶轮式增氧机的正确使用外，有条件的还可增加充气式增氧设施，在特殊情况下适当使用增氧剂，采取多管齐下的方式，有力保障水体溶解氧的供给，这是确保养殖成功的关键因素之一。

水车式或叶轮式的增氧机在养殖中后期应尽量多开启，尤其在天气晴好光照充足的条件下，使微藻光合作用增氧与增氧机机械增氧协同，促进富含溶解氧的表层水与缺氧的中下层水进行交换，提高水体的整体增氧效率，以备夜晚至凌晨之所需。可在放苗前于池塘底部铺设钻有小孔的管道，并在池塘边安设鼓风机与管道相连，通过增设充气式的增氧系统，强化水体增氧效果。

养殖中后期池塘的对虾生物量已达到一个较高的水平，如果恰逢遇上连续阴雨天气、底质恶化、寒潮来袭、温度骤降等情况时，极易造成水体缺氧。此时应及时使用液体型或颗粒型的增氧剂，迅速提高水中的溶氧含量，短时间内缓解水体缺氧压力。选用颗粒型或粉剂型的过氧化钙类增氧剂时，一般每亩用量为 1～2 千克；选用液体型的过氧化氢类增氧剂时，最好利用特制的管路设施把它直接灌入池底，不仅可提高水体增氧功效，还可改善水质和底质环境。

6. 养殖病害的生态防控

养殖生产中对虾病害暴发与否与水体环境质量和虾体自身的健康水平密切相关。所以，在对虾越冬棚养殖过程中，营造和维护良好的水体生态环境，提高对虾的抗病机能是防控病害暴发的两个关键控制点。对此，可针对养殖流程的各个环节加以严格控制。

在环境质量调控方面：①应保证池塘和养殖用水彻底消毒，杀灭潜在的病原生物。②养殖过程科学投喂饲料，使用有益菌制剂及时分解转化养殖代谢产物和水中丰富的有机质，同时促进有益菌形成优势，防止有害菌大量繁殖。③合理使用微藻营养素、水质和底质改良剂对养殖水环境进行调控，优化水质，维持优良微藻藻相，防止藻相剧烈变动或有害蓝藻、甲藻形成优势。④采取封闭式或半封闭式的管理原则,实行有限量水交换,维护和保持水质的稳定,防止对虾应激的发生。

在提高对虾自身抗病力方面:①在虾苗选购环节应特别重视苗种的质量,放养健康、不带特定性病原的虾苗。②在虾苗中间培养(标粗)时强化前期营养供给,增加投喂优质人工饵料和生物活饵,增强幼虾的体质和健康水平。③养殖过程中通过科学使用益生菌调节和改善对虾机体内环境。④利用中草药、维生素、免疫蛋白、免疫多糖等营养免疫增强剂提高虾体非特异免疫机能。

通过上述环境调控和对虾"强身健体"的综合措施,全面增强对虾体质,提高抗病、抗应激的能力,达到病害生态防控的效果。

7. 日常管理工作

对虾越冬棚养殖的日常管理主要是做好"水、虾、料、氧、调、记、天"等方面的工作,每天做到早、中、晚三次巡塘检查,及时掌握养殖过程中对虾、水质、生产记录、后勤保障等各个方面情况。

(1)水 观察水色、透明度等水环境状况;定期检测盐度、pH、溶解氧、氨氮、亚硝酸盐等常规水质指标;根据池塘水体环境和水源质量情况少量换水;防止排水口处、池堤、越冬棚薄膜出现漏水现象;保证水泵正常工作。

(2)虾 观察对虾活动与分布状况;养殖中后期不定期抛网估测池内存虾量,检查对虾生长和健康状态。

(3)料 按时投喂,及时检查摄食情况,秉持"宁少勿多"的原则,做到适量投喂。

(4)氧 检查增氧机、鼓风机及其他配套设施正常运作;气温升高时应保证越冬棚内适当的通风透气,以缓解棚内长期低压的状态,同时还应防止水温升高、水质恶化或棚内缺氧。

（5）调　根据水质条件和对虾健康状况，合理使用水体消毒剂和营养免疫调控剂，施用渔药时建立处方制，严格实行安全用药的原则要求。

（6）记　做好仓库饲料、药品的登记管理；做好养殖生产记录（如放苗量、进排水、水色、施肥、发病、用药、投料、收虾等），便于日后总结；建立水产品质量可追溯记录，为提高养殖水平提供依据和参考。

（7）天　养殖过程中应及时了解阶段性的天气动态变化，根据具体天气情况及时调整养殖技术措施，并做好相应的预处理方案。

8. 收获

对虾养殖到商品规格后，根据市场价格行情收捕上市。根据网具的不同，常见的对虾收获方法有拉网收虾和网笼收虾两种（图2-34）。对虾收获的具体时间安排应根据不同的放苗和养殖时间而定，可选择在过年前进行收获，也可从过年后到次年5月陆续分批收获；越冬棚养殖商品虾的规格从100尾/千

图2-34　放笼抓虾

克到50尾/千克不等。收获方式有一次性收获和分批收获两种，一般养殖大规格虾的多采用分批收获的方式，先用较大网孔的拉网或网笼收捕中等规格的商品虾，留下个体规格相对较小的对虾继续养殖，相对宽松而稳定的养殖环境有利于对虾拓展生长空间，为大规格对虾的养殖生产提供保障。

观看视频网笼捕虾

采用分批收获的在收虾后应及时对池塘水质和底质进行处理，稳定水体环境，避免存池对虾大面积产生应激反应而造成损失。此外，河口区采用越冬棚的淡化养殖池塘，可在对虾收获前使用少量的活性钙制剂，在一定程度上可提高收获对虾的成活率。

第二节 土池高效养殖技术与模式

一、滩涂土池高效养殖技术与模式

（一）滩涂土池养殖模式的特点

在滩涂上建造池塘进行对虾养殖，一般池塘面积为1～20亩，水深为1.2～1.5米，配有进、排水系统和一定数量的增氧机（图2-35）。该养殖模式所需投入的成本相对较小，养殖管理也较简单，又能取得一定的养殖效益，为广大群众接受，以一家一户进行对虾养殖的多采用该模式。但由于该养殖模式的池塘配套设施相对简陋，缺乏精细化管理，养殖过程的病害防控存在一定的困难。

滩涂土池养殖南美白对虾，放苗密度通常为4万～6万尾/亩，根据增氧机配置及进排水情况可适当增减。养殖全程实施半封

图2-35 滩涂土池

闭式的管理,养殖前期逐渐添水,养殖后期少量换水。放苗前培育优良的微藻藻相和菌相,营造良好水体环境,为幼虾提供充足的生物饵料,养殖过程投喂优质人工配合饲料。每10～15天定期施用芽孢杆菌制剂,不定期施用光合细菌、乳酸杆菌等有益菌制剂,根据水体状况不定期使用底质改良剂。通过调控水体生态环境,强化养殖对虾体质,综合防控病害的发生。此外,根据不同地区水质情况也可在对虾养殖过程中套养少量的罗非鱼、鲻鱼、草鱼、革胡子鲇等杂食性或肉食性鱼类,摄食池塘中有机碎屑和病死虾,起到优化水环境和防控病害暴发的效果。通常采用滩涂土池养殖南美白对虾的单茬产量可达到300～500千克/亩。

(二)滩涂土池养殖的技术流程

1. 虾苗放养前的准备工作

(1)清理池塘及消毒除害 在上一茬养殖收虾后,把池塘中的积水排干,暴晒至底泥无泥泞状,对池塘进行修整。利用机械或人力把池底淤泥清出池外或利用推土机将表层10～20厘米的底泥去除。清理的淤泥不要简单堆积在池堤上，以免随水流回灌池中。平整池底，检查堤基、进排水口的渗漏及坚固情况，及时修补、加固。池塘清理修整后撒上石灰，再进行翻耕暴晒（图2-36），使池底晒成龟裂状为好，从而杀灭病原微生物、纤毛虫、夜光虫、甲藻、寄生虫等有害生物。

图2-36 充分暴晒的池底

根据当地水域的具体情况，选用生石灰、漂白粉、茶籽饼、鱼藤精、敌百虫等，杀灭杂鱼、杂虾、杂蟹、小贝类等竞争性生物和鲷科鱼类、弹涂鱼等捕食性生物。使用药物消毒除害时应选用高效、无残留的种类，根据药品说明书上的要求科学用药，使用量可根据药品种类、池塘大小、既往发病经历、池塘理化条件等酌情增减。在放苗前10～15天选择在晴好天气下用药，用药前池塘内先引入少量的水有利于药物溶解和在池中均匀散布，所进水源需经60～80目的筛绢网过滤。消毒时应保证池塘的边角、缝隙、坑洼处都能施药到位消毒彻底。用茶籽饼或生石灰消毒后无须排掉残液，使用其他药物消毒的尽可能把药物残液排出池外。在养殖生产中可将清淤、翻耕、晒池、整池、消毒等工作结合起来，有利于提高工作效率。

（2）进水与水体消毒　选择水源条件较好时进水，先将水位进到1米左右，后续在养殖过程中根据池塘水质和对虾生长状况逐渐添加新鲜水源直到满水位为止，养殖中后期根据养殖情况适当换水。对于水源不充足、进水不方便的池塘，应一次性进水到满水位，养殖过程中实现封闭式管理，适时添加少量新鲜水源，补充因蒸发作用导致的水位下降。

所进水源需经60～80目的筛绢网过滤，进水后使用漂白粉、溴氯海因、二氯异氰尿酸钠、三氯异氰尿酸等水产养殖常用消毒剂消毒水体。消毒剂可直接化水全池泼洒，也可采用"挂袋"式的消毒方法。"挂袋"式消毒方法是将进水闸口调节至合适大小，把消毒剂捆包于麻包袋中，放置在进水口处，水源流经"消毒袋"后再进入池塘，从而起到消毒的效果。

（3）放苗前优良水环境的培育　培养优良的菌相和微藻藻相，营造良好水色，这是对虾养殖前期管理的关键措施之一。在放苗前一周左右，施用微藻营养素和芽孢杆菌制剂培养优良微藻藻相和菌相。根据池塘的营养状况选用合适种类的微藻营养素，底泥有机质丰富或养殖区水源营养程度高的池塘，应选用无机复合营养素，该种营养素富含不易被底泥吸附的硝态氮和均衡的磷、钾、碳、硅等营养元素，容易被浮游微藻直接吸收，同时配合使用一定量的芽孢杆菌制剂。对于新建的或底质贫瘠、水源营养缺乏的池塘，应该选用无机有机复合营养素，无机营养盐可直接被微藻吸收利用，有机质成分可维持水体肥力。

有养殖户采用粪肥"肥塘"，如果施用不当，水体增肥效果有限，还会导致池底有机质积累引起水环境恶化。其实粪肥主要是一种有机肥，需经充分发酵后再使用，养殖生产中一般将它与生石灰混合后充分发酵3～5天再使用，最好是与芽孢杆菌等有益菌制剂一起发酵，通过有益微生物的充分降解，既可提高粪肥的肥效，还可降低有机质在池塘中的耗氧。粪肥的用量不宜过多，要根据池塘的具体情况而定，最好同时配合施用一定量的氮磷无机肥，保证水体营养的平衡。

在第一次"施肥"的两至三周后还应再追施两到三次营养素和芽孢杆菌制剂，以免因微藻大量繁殖消耗水体营养使得后续营养供给不足而造成微藻衰亡。通过联合使用微藻营养素和芽孢杆菌等有益菌制剂，为微藻提供可即时吸收利用的无机营养素，还可通过有益菌降解池底和营养素中的有机质，保证营养的持续供给，促进微藻的稳定生长。

2. 虾苗的选购和放养

（1）虾苗选购　施用微藻营养素和有益菌一周左右，营造良好水色，即可放养虾苗进行养殖。优质虾苗的选购和科学放养是保证对虾养殖成功的一个重要前提。

选购虾苗前最好先到虾苗场进行考察，了解虾苗场的生产设施与管理、生产资质文件、亲虾来源与管理、虾苗健康水平、育苗水体盐度等，选择虾苗质量好、信誉度高的企业购买虾苗（图2-37）。选购的虾苗个体全长0.8～1.0厘米、虾苗群体规格均匀、虾体肥壮、形态完整、身体透明、附肢正常、游动活泼有力、对水流刺激敏感、肠道内充满食物、体表无脏物附着。为确保虾苗的质量安全，还可委托有关部门检测是否携带致病弧菌和特异性病毒。

养殖池塘水体的pH、盐度、温度等水质条件应与育苗池的相近，如果存在较大差异的，可在出苗前一段时间要求虾苗场根据池塘水质情况对育苗池水质进行调节，将虾苗驯化至能够适应养殖池塘水质条件。一般虾苗的运输多采用特制的薄

图2-37 虾苗

膜袋,容量为30升,装水1/3～1/2,装苗5000～10000尾,袋内充满氧气,经过10～15小时的运输虾苗仍可保持成活。如果虾苗场与养殖场的距离较远、虾苗运输时间较长,选购时可酌情降低虾苗个体规格或苗袋装苗数量,以保证虾苗经过长距离运输的成活率。

(2) 虾苗放养　通常滩涂土池养殖南美白对虾的放苗密度为4万～6万尾/亩,但在养殖生产中,放养密度还应综合考虑水深、换水频率、虾苗的规格与质量、增氧强度、商品对虾的目标产量及规格、养殖技术水平和生产管理水平等多种因素的影响。虾苗放养密度可参考如下公式计算。

$$放苗密度(尾/亩) = \frac{计划产量(千克/亩) \times 计划对虾规格(尾/千克)}{经验成活率}$$

经验成活率依照往年养殖生产中对虾成活率的经验平均值估算。如果虾苗经过中间培育(标粗)且体长达到3厘米左右的,经验成活率可按85%计算。

南美白对虾的放苗水温最好达到20℃以上，气温低于20℃时需加盖温棚。根据近年来我国对虾养殖主产区的天气变化情况，一般在未搭建温棚的条件下，虾苗放养时间多选择在四月中下旬至五月中下旬。虾苗放养包括直接放养或经过中间培养（标粗）后再放入养成池养殖两种方式。

直接放养是指将虾苗直接放入池塘中一直养至收获。虾苗运至养殖场后，先将虾苗袋在虾池中漂浮30～60分钟，使虾苗袋内的水温与池水温度接近，使虾苗逐渐适应池塘水温。然后取少量虾苗放入虾苗网，置于池水中"试水"半个小时左右，观察虾苗的成活率和健康状况，确认无异常现象再将漂浮于虾池中的虾苗袋解开，在虾池中均匀投放。放苗时间应选择在天气晴好的清早或傍晚，避免在气温高、太阳直晒、暴雨时放苗；应选择避风处放苗，避免在迎风处、浅水处放苗。

采取中间培养（标粗）的方式，可先将虾苗放养至一个较小的水体中集中饲养一段时间（20～30天），待幼虾生长到体长3～5厘米后再移到养成池中养殖。中间培养（标粗）时可利用小面积的虾池（2～5亩）集中培养虾苗，然后再分疏于多个池塘进行养成；或者在面积较大的池塘中筑堤围隔成一口小池，在小池内培养虾苗，幼虾长大后通过小池闸门或破开池堤进入外围大池进行养成。标粗池和养成池的比例一般可按水体容积比（1∶3）～（1∶5）配置。此外，还可选择在池边便于操作的地方，架设简易筛绢栏网进行虾苗集中培养，栏网网孔大小为40～60目，到幼虾长至体长3～5厘米再把栏网撤去将虾只疏散至整个池塘中进行养殖。通常中间培养（标粗）的虾苗放养密度为120万～160万尾/亩。中间培养（标粗）过程中投喂优质饵料，前期可加喂虾片和丰年虫进行营养强化，增强体质、提高抗病力。

采用中间培养（标粗）的方法可提高养殖前期的管理效率，提高饲料利用率和对虾成活率，增强虾苗对养殖水环境的适应能力。通过把握好中间培养（标粗）与养成时间的衔接，还可缩短养殖周期，实现一年多茬养殖。进行操作时应注意：①放苗密度不宜过大，以免影响虾苗的生长；②时间不宜过长，一般为20～30天，幼虾达到体长3～5厘米就应及时分疏养殖；③幼虾分疏到养成池时，应保证池塘水质条件与标粗池接近，分池时间选择在清晨或傍晚，避免太阳直射，搬池的距离不宜过远，避免幼虾长时间离水造成损伤，整个过程要防止幼虾产生应激反应。

3. 科学投喂

选择人工配合饲料应遵循以下几个原则：营养配方全面，满足对虾健康生长的营养需要；产品质量符合国家相关质量、安全、卫生标准；饲料系数低、诱食性好；加工工艺规范，水中的稳定性好、颗粒紧密、光洁度高、粒径均一、粉末少。

直接放苗养殖的池塘，如果水色呈豆绿色、黄绿色或茶褐色，水中浮游微藻数量较多，可观察到大量浮游动物，说明池中饵料生物丰富，在放苗后一周之内可不投喂人工配合饲料。如果放苗时水色浅，水中浮游生物少，放苗当天或第二天就应开始投喂饲料。若所放养的是经过中间培养（标粗）的幼虾，在放养当天开始投喂饲料。总体而言，开始投喂饲料的时间要根据放苗密度、饵料生物的数量以及虾苗规格等因素确定。对进行中间培养（标粗）的虾苗，在放苗的一两周内可适当投喂一些虾片和丰年虫，提高幼虾的健康水平。

滩涂土池养殖南美白对虾，日常的饲料投喂频率为每天3次较好，可选择在7:00、11:00、18:00投喂，日投料量一般约为池内存虾重量的1%～2%。傍晚时的投喂量为日投料量的40%，早上和中午各为30%。养殖过程应该视养殖密度、天气情况、水质、对虾健康状况等适量增减投喂量和投喂次数。

在离池边3～5米且远离增氧机的地方安置2～3个饲料观察网,用以观察养殖对虾的摄食情况。每次投喂饲料时在观察网上放置约为当次投料量1%的饲料,投料后1～1.5小时检查观察网的余料情况。如果网上没有饲料剩余,八成以上的对虾食道均呈现暗褐色或黑色说明投喂量适合;网上没有饲料剩余,对虾食道中饲料少说明投喂量不足,可适当增加;网上有饲料剩余,大部分对虾食道中饲料充足即表明投喂过量,需适度减少。饲料过量投喂不仅会使饲料系数增高,增加养殖成本,而且残余的饲料还会沉积在池塘环境中导致水质恶化,影响对虾的健康生长,甚至诱发病害。因此,在对虾养殖过程应采取科学的投喂策略,一般在养殖前期多投,中后期"宁少勿多";气温剧烈变化、暴风雨或连续阴雨天气时少投或不投,天气晴好时适当多投;水质恶化时不投;对虾大量蜕壳时不投,蜕壳后适当多投。

此外,在饲料投喂中还应根据对虾规格及时调整投喂饲料的型号,饲料颗粒过大或过小均不利于对虾摄食。还可根据虾体健康状况和天气情况适当选择一些添加了芽孢杆菌或中草药成分的功能饲料,也可自行利用芽孢杆菌、乳酸菌、酵母菌、中草药进行饲料拌喂,以提高饲料利用率,增强养殖对虾的抗病和抗逆能力,提升机体健康水平。

4. 水环境管理

(1)封闭与半封闭型的水质管理　在滩涂土池养殖南美白对虾的过程中秉持有限量水交换的原则。养殖前期(30天内)保持不添、换水,实行全封闭养殖;中后期为半封闭管理,中期逐渐添水至满水位,后期根据池塘水质变化、对虾健康状况、水体藻相结构和密度,以及外界水源水质情况适量换水。

应尽量保持池塘水环境的稳定，每次添（换）水量不宜过大，约为池塘总水量的5%～15%。

近年来由于对虾养殖的快速发展，有些地区的养殖场日渐增多。为保证水源质量，有条件的可配置蓄水消毒池，先将水源引入蓄水池进行沉淀、消毒处理后再引入养殖池，避免由水源带入的污染和病原生物，保证养殖对虾的健康，还可保障优质水源的供应。另外还应综合考虑水源盐度情况，在有些地区不同季节、不同潮汐情况下的水体盐度存在较大差别，为保持养殖水环境稳定、避免造成对虾应激反应，所进水源可在蓄水池中将盐度调节至与养殖水体接近后再引入池塘。

（2）水体微生态调控　利用有益菌制剂调控养殖水质已广为对虾养殖户所接受并应用。不同种类的有益菌其功能和使用方法存在一定的差别，生产中常用的有益菌主要有芽孢杆菌、光合细菌和乳酸菌等几大类。其中芽孢杆菌可快速降解养殖代谢产物，促进池塘的物质循环，为微藻生长繁殖提供有利条件，稳定维持优良的微藻藻相。当其在池塘中形成有益菌生态优势时，还能抑制弧菌等有害菌的滋长，防控养殖病害的发生。光合细菌能有效吸收水体中的氨氮、硫化氢、磷酸盐等，减轻养殖水体富营养水平，通过与微藻的生态位竞争，还能起到平衡微藻藻相，调节水体pH值的功效。乳酸杆菌对水体中的溶解态有机质有较强的降解转换能力，净化水质的效果明显，同时还能有效降低水环境中亚硝酸盐、磷酸盐等，促使水色保持清爽、鲜活，还对病原弧菌具有抑杀作用。施用有益菌制剂后一般不应换水和使用消毒剂，若确需换水或消毒，应在换水后或消毒2～3天后再重新施用有益菌制剂。此外，在某些情况下还可将有益菌制剂与理化型的水质、底质改良剂配合使用，可起到良好的协同功效。下面将对不同类型的有益菌制剂和水环境改良剂的使用方法进行系统介绍。

① 定期施用芽孢杆菌。晴好天气条件下，每隔7～15天

定期施用一次芽孢杆菌制剂，直到养殖收获。含芽孢杆菌活菌量10亿/克的菌剂，水体按1米水深计算，放苗前的使用量为1～2千克/亩，养殖过程中的用量为0.5～1千克/亩。使用前可将菌剂与0.3～1倍重量的花生麸或米糠混合，并加入10～20倍重量的池塘水搅拌均匀，浸泡发酵8～16小时，再全池均匀泼洒，养殖中后期水体较肥时适当减少花生麸和米糠的用量。也可将菌剂直接用池水溶解稀释后全池均匀泼洒。

② 不定期施用光合细菌。养殖过程不定期施用光合细菌菌剂，可有效缓解水体氨氮过高、水体过肥、微藻过度生长等问题，即使在连续阴雨天气时，施用光合细菌净化水质，也不会增加水体溶解氧的负荷。含光合细菌活菌5亿/毫升菌剂，按水体为1米水深计算，使用量为2.5～3.5千克/亩。若水质恶化出现变黑发臭，可连续使用3天，待水色有所好转后隔7～8天再使用1次。如果水色较清、透明度高，可选用加肥型光合细菌菌剂，用量为3～5千克/亩，连续使用3天，在水色和透明度情况有所好转后，隔10～15天可再次使用。使用时直接用池塘水稀释全池均匀泼洒。

③ 不定期施用乳酸杆菌。养殖过程不定期使用乳酸杆菌菌剂，不仅可快速去除溶解态有机物，如有机酸、糖、肽等，而且还可有效净化水中的亚硝酸盐，使水质清新；由于乳酸菌生命活动过程产酸，故还可起到调节水体pH的作用。所以，当出现水质老化、溶解态有机物多、亚硝酸盐高、pH过高等情况时，可施用乳酸杆菌制剂调节水质。含乳酸杆菌活菌5亿/毫升的菌剂，按水体为1米水深计算，使用量为2.5～3千克/亩，大约每10～15天使用1次。如果水色浓、透明度低，可适当加大用量至3.5～6千克/亩；水色清、微藻繁殖不良时，可选用加肥型乳酸杆菌菌剂，用量为2～3千克/亩。使用时可直接用池塘水稀释后全池均匀泼洒，也可将它与5%的红糖混合后发酵8～16小时再施用。

④ 适当使用水质、底质改良剂。养殖中期以后，每隔两至三周施用沸石粉、麦饭石粉、过氧化钙等水质改良剂，有利于吸附水体中的有害物质，结合有益菌制剂一同使用，能有效改善养殖生态环境。

当遭遇强降雨天气，pH过低，应在养殖池中泼洒适量的石灰水。当水体pH过高，可适量施用腐植酸，促使水体pH缓慢下降并趋向稳定。但相关产品的单次使用量不宜过大，以免引起水体pH剧烈变化导致对虾应激甚至死亡。

养殖中后期池中对虾的生物量较高，遇上连续阴雨天气、底质恶化等情况，容易造成水体缺氧。此时应及时使用液体型或颗粒型的增氧剂，迅速提高水体溶解氧含量，短时间内缓解水体缺氧压力。

（3）增氧机的使用　通常1～3亩的养殖面积配备1台功率为0.75～1.5千瓦的水车式增氧机，具体配置数量和功率型号应该根据对虾养殖密度合理安排。增氧机的主要功能一方面是通过增强水体与空气的接触增加氧气的溶入，提高水体溶解氧含量；另一方面是促进池水流动，使水中微藻的光合作用面增大，提升光合作用产氧效率，进而提高水体溶解氧含量，同时还可避免水体因温度和盐度等条件变化出现水体分层。因此，增氧机的科学使用对保持水体的"活""爽"具有重要作用。增氧机在池塘中的安放摆设需根据池塘的面积和形状综合考虑，应以有利于池水溶解氧均匀分布，有利于促进水体循环流动，有利于养殖对虾的正常摄食与活动，有利于养殖管理操作为宜。增氧机的开启与对虾放养密度、气候、水温、池塘条件及配置功率有关，须结合具体情况科学使用。一般为养殖前期少开，养殖后期多开；气压低、阴雨天气时多开；夜晚到凌晨阶段及晴好天气光照强烈的午后也应保证增氧机的开启。

5. 虾池中鱼类的套养

根据不同地区的实际情况，可在对虾养殖过程中套养少量的杂食性或肉食性鱼类，如罗非鱼、鲻鱼、草鱼、革胡子鲇、篮子鱼、黑鲷、黄鳍鲷、石斑鱼等，用于摄食池塘中的有机碎屑和病死虾，起到优化水质环境和防控病害暴发的作用。在选择套养鱼类品种时，应该充分了解当地水环境的特点，了解拟选鱼类的生活生态习性、市场需求情况，并针对计划放养的鱼、虾密度比例、放养时间、放养方式进行小规模试验，然后综合考虑各方面的因素，选择适当的方式进行套养。在盐度较低的养殖水体可以选择罗非鱼、草鱼、革胡子鲇等品种，盐度较高的水体可选鲻鱼、篮子鱼、黑鲷、黄鳍鲷、石斑鱼等品种。鱼的放养方式需要根据套养的目标需求而定，用于摄食病、死虾和防控虾病暴发的可选择与南美白对虾一起散养，用于清除水体中过多的有机碎屑和微藻的可与对虾一起散养，也可用围网将鱼圈养在池塘中的一个区域。下面将对常见的鱼虾套养方式进行简要介绍。

（1）南美白对虾与罗非鱼套养　在虾池中放养罗非鱼可有效净化水体环境，提高对虾养殖效益。其中南美白对虾虾苗的放养密度为4万～6万尾/亩，个体体长为0.8～1厘米；罗非鱼放养密度为200～400尾/亩，个体规格为5克以上。若水体年平均盐度小于5的还可同时按每亩套养鳙鱼50尾或鲢鱼30尾。放苗顺序为先放养虾苗，养殖两至三周时对虾长到体长2～2.5厘米再放养罗非鱼苗（图2-38）。投喂饲料时先喂罗非鱼饲料，待罗非鱼摄食完毕后再投喂对虾饲料，以避免罗非鱼抢食虾饲料。其他的养殖管理措施与对虾单养的一致。虞为等人研究提出，每亩放养南美白对虾5.5万尾和罗非鱼220尾，可显著提高养殖对虾对氮、磷营养元素的利用效率，减少水体环境中的氮磷沉积，取得较好的经济效益和生态效益（图2-39）。

图2-38 养殖前期在虾池中围网标粗罗非鱼幼鱼

图2-39 养殖收获的南美白对虾和罗非鱼

（2）南美白对虾与草鱼套养　在水体盐度为5‰以下的对虾养殖水体可选择套养一定量的草鱼，既可防控养殖对虾病害的暴发，又可在一定程度上增加养殖效益。先放养南美白对虾虾苗4万～6万尾/亩，养殖两至三周时对虾生长到体长2～2.5厘米再放养草鱼，草鱼个体规格为1千克左右，放养数量为每亩30～60尾，具体根据放养虾苗的密度适当调整。养殖过程可投喂草鱼饲料或不投，如果发现有病、死虾，不投喂草鱼饲料，可利用草鱼摄食病、死虾，防控对虾病害的暴发。

（3）南美白对虾与革胡子鲇套养　水体盐度为10‰以下的可选择革胡子鲇进行套养，利用它摄食病、死虾，切断病原传播途径，防控对虾病害大面积暴发。但考虑到革胡子鲇生性凶猛，能摄食一定数量的活虾，所以鱼的投放数量须严格控制，不宜过量投放，同时虾苗的放养数量，也可根据养殖设施条件适量增加。放苗时可按5万～10万尾/亩的密度先投放南美白对虾虾苗，养殖两至三周时对虾个体生长到体长2～2.5厘米再放养革胡子鲇，革胡子鲇个体规格为400克左右，每亩的放养数量为50尾左右。

（4）南美白对虾与革胡子鲇、鲻鱼的围网分隔式套养　在池塘中央处设置围网，围网与池塘的面积比例约为1∶5，围网网孔大小为对虾能出入网孔而鲻鱼、革胡子鲇等鱼类不能，围网的上缘平齐于增氧机引起的池塘水流的内圈切线。围网外投放对虾和革胡子鲇，围网内投放鲻鱼（图2-40）。放苗时可按5万～10万尾/亩的密度先投放南美白对虾虾苗，养殖两至三周时对虾个体生长到体长2～2.5厘米，再放养鲻鱼和革胡子鲇。两种鱼的个体规格均为400克左右，每亩放养鲻鱼50尾，革胡子鲇30尾。其余养殖管理措施跟南美白对虾与革胡子鲇套养的类似。通过利用胡子鲇摄食病、死虾，鲻鱼摄食水体中的有机碎屑，既可有效防控对虾病害的暴发，还能起到净化水体环境的作用。同时，还能提高对虾的生长速度和成品虾规格，提升对虾产品的出售价格，取得较好的养殖经济效益和

图2-40　南美白对虾与革胡子鲇、鲻鱼的网围分隔式混养

生态效益。

（5）南美白对虾与石斑鱼的套养　在水体盐度较高的池塘可选择石斑鱼进行套养。由于石斑鱼的生长速度较对虾慢，当对虾生长到一定阶段时石斑鱼因口径大小限制无法摄食较大规格的虾，对此可在对虾的不同生长阶段对应地分批放入不同规格的石斑鱼，从而起到良好的效果。南美白对虾虾苗的放养密度为5万～10万尾/亩，个体体长为0.8～1厘米，放苗一个月左右，对虾生长到体长3～5厘米时，再放入石斑鱼进行套养。石斑鱼每亩的放养数量为30尾，个体规格为50～100克，到对虾养殖两个月左右，再按每亩30尾的数量投入个体规格为120～150克的石斑鱼。养殖过程只需投喂对虾饲料。考虑到石斑鱼生性凶猛，能摄食一定数量的活虾，鱼的投放数量须严格控制，不宜过量投放，同时虾苗的放养数量也可根据养殖设施条件适量增加。

虽然虾池中套养鱼类会使对虾养殖的饲料系数略有升高，而且放养的肉食性鱼类可能还会造成对虾成活率有所降低。但套养少量鱼类有利于防控对虾病害的暴发，净化水体环境，提高对虾养殖的成功率。根据当地的水体条件和市场需求，选择既适合虾池套养又具有一定经济价值的鱼类,也可在一定程度上补偿对虾养殖的经济效益。所以,在虾池套养适量经济鱼类的总体效果还是良好的。

6. 日常管理工作

养殖过程中应及时掌握养殖对虾、水质、生产记录及后勤保障等方面的情况,每天做到早、中、晚三次巡塘检查。

(1)观察对虾活动与分布情况。及时掌握对虾摄食情况,在每次投喂饲料1小时后观察对虾的肠胃饱满度及摄食饲料情况,根据对虾规格及时调整使用相应型号的配合饲料。养殖中后期每隔15~30天抛网估测池内存虾量,测定对虾的体长和体重。

(2)观察水质状况,每一两周左右定期监测水体温度、盐度、pH、水色、透明度、溶解氧、氨氮、亚硝酸盐、硫化氢等指标(图2-41)。有条件的可定期取样观察水体中的微藻种类与数量,及时采取措施调节水质指标,稳定有益藻相和菌相,

图2-41　现场测定水体温度、溶解氧等指标

防止有害生物大量生长。

（3）根据水质条件和对虾健康状况，可适当使用二氧化氯、聚维酮碘等水体消毒剂和对虾营养免疫调控剂，施用渔药时建立处方制，严格实行安全用药的原则要求。

（4）观察进排水口是否漏水，检查增氧机、水泵及其他配套设施是否正常运作。

（5）饲料、药品做好仓库管理，进、出仓需登记，防止饲料、药品积仓。做好养殖过程有关内容的记录（如放苗量、进排水、水色、施肥、发病、用药、投料、收虾等），整理成养殖日志，以便日后总结对虾养殖的经验、教训，实施"反馈式"管理，建立水产品质量可追溯制度，为提高养殖水平提供依据和参考。

二、淡化池塘高效养殖技术与模式

（一）低盐度淡化养殖模式特点

南美白对虾具有较广的盐度适应性，盐度为0～40‰的水体中均可正常生长，因此可采取淡水、半咸水、海水等多种养殖模式。采用淡化养殖在一定程度上能减少海水病原生物对虾体的影响，促进对虾健康生长。近年来该养殖模式在河口地区和淡水资源丰富地区发展迅速，取得了良好的经济效益和社会效益。虽然南美白对虾成体对水体盐度的适应性强，但在幼苗阶段仍要求水体具有一定的盐度。目前有不少对虾育苗场可提供虾苗淡化服务。考虑到虾苗运输和成活率等因素，养殖户应在放养虾苗前把养殖水体调节到具有一定盐度（盐度3‰～10‰），养殖过程逐渐添加淡水，盐度随之降低至0，即在淡水环境中进行养殖。有的养殖户为了使养殖成品虾的肉质结实、提高鲜味，在上市前半个月左右逐步提高水体盐度，使对虾品质得到改善。目前，根据养殖水体来源和对水体盐度调节方式的不同，淡化方式可细分为：地表淡水—卤水（粗盐）、地下淡水—卤水（粗盐）、河口区水域的咸淡水、盐碱地区域地下卤水—地表淡水、盐碱地区域地下淡水等。

虽然近年来南美白对虾的淡化养殖发展迅猛，但对虾淡化养殖中存在的一些问题应该予以重视，例如利用大量抽取地下水养殖、在内陆非盐碱地区域通过添加卤水或粗盐进行养殖等。众所周知，地下水是水资源的重要组成部分，由于水量稳定，水质好，是农业灌溉、工业用水和城市用水的重要水源之一。它不仅与用水安全、区域土壤生产性能有关系，还与地质安全密切相关。地下水利用存在总量平衡问题，通常地下水域在地表上存在相应的补给区与排泄区。其中补给区因地表水不断地渗入地下，地面常呈现干旱缺水状态；而在排泄区则由于地下水的流出，增加了地面的水量，呈现相对湿润的状态。如果盲目和过度开发，土壤的蓄排水性能受到严重影响，将可能造成整个区域的土壤生产性能大大降低；同时，还容易造成地下空洞、地层下陷等地质次生灾害。考虑到养殖产业的可持续发展及其与环境和谐共存等因素，对于完全依靠抽取地下水开展养殖，或在内陆非盐碱地区域通过添加卤水或粗盐进行养殖，其生产规模应予以限制。对于河口区咸淡水养殖和盐碱地区域利用地表水养殖南美白对虾，鼓励采用环境友好型的健康养殖技术模式和质量保障型的标准化养殖技术，通过优化和改进原有养殖设施和技术，实施对虾的高产高效养殖，促进养殖农户增收。在内陆非盐碱地区域养殖南美白对虾，养殖者应与育苗场进行充分沟通和无缝对接，要求把虾苗尽量淡化到完全适应淡水环境再进行养殖，避免因放苗前期添加卤水或粗盐对土壤环境造成潜在不良影响。

下面将以河口区南美白对虾的低盐度淡化养殖为例（图2-42），进行养殖生产技术流程的介绍。

图2-42 河口区低盐度淡化养殖土池

（二）低盐度淡化养殖的技术流程

1. 虾苗放养前的准备工作

（1）清理池塘及消毒除害　上一茬养殖收获后，将池内积水排干，平整池底，修补池堤，防止进排水口出现渗漏。如果池塘底部沉积的淤泥多，先暴晒一周左右待池底无泥泞状时，利用机械将底泥表层10～20厘米去除，修整、加固池塘堤基和进排水口。然后在池塘中泼洒石灰、翻耕、暴晒一到两周，使池底晒成龟裂状。在放苗前两到三周时先进少量水入池，使用适量生石灰、漂白粉、茶籽饼、鱼藤精等杀灭杂鱼、杂虾、杂蟹、小型贝类等，将药物溶于池水后均匀散布，确保池塘各处均消毒彻底。用茶籽饼或生石灰消毒后无须排掉残液，使用其他药物消毒的尽可能把药物残液排出池外。在养殖生产中可将清淤、翻耕、晒池、整池、消毒等工作结合起来，有利于提高工作效率。

（2）进水与水体消毒　河口地区在特定时期的水体盐度波动较大，进水前应先检测水源水质，在水质良好时进水，进水盐度以与虾苗场驯化南美白对虾虾苗的水体接近。利用潮汐纳水或水泵提水,于进水闸口或水泵出水管处安置孔径为60~80目的筛绢网。如果水源盐度确与虾苗所适应盐度存在差距的,可事先计算好放养或中间培养(标粗)虾苗所需水体体积,用海水、卤水或粗盐调节水体盐度。

将水位进到1米左右,养殖过程中根据池塘水质和对虾生长的状况逐渐添加新鲜水源直到满水位为止。对于水源供应受限、进水不便的池塘,也可一次性进水到满水位,养殖过程中实施封闭式管理,不排换水,仅适时添加少量新鲜水源补充水位。进水后使用漂白粉、溴氯海因、二氧化氯等水产常用消毒剂处理水体。消毒剂可直接化水全池泼洒,也可采用"挂袋"式的消毒方法。将进水闸口调节至合适大小,把消毒剂捆包于麻包袋中,放置在进水口处,水源流经"消毒袋"后再进入池塘,起到消毒的效果。

(3)放苗前优良水体环境的培育 水体消毒2~3天后,根据水源水质情况,先用有机酸或3~5毫克/升的乙二胺四乙酸二钠盐络合水体中的重金属离子,然后开启增氧机进行水体曝气。在放苗前一周左右的时间,施用微藻营养素和芽孢杆菌等有益菌菌剂,培养优良微藻藻相和有益菌菌相。采用粪肥"肥塘"的应先把肥料与石灰或芽孢杆菌等有益菌制剂充分发酵一周后再使用,使用时可配合施用一定量的氮磷无机肥,平衡水体营养,粪肥的用量不宜过多。在第一次"施肥"两至三周后,再追施一到两次无机有机复合营养素和芽孢杆菌制剂,以免因微藻大量繁殖消耗水体营养,导致后续营养供给不足造成微藻衰亡。

2. 虾苗的放养

(1)虾苗的淡化与中间培养(标粗) 通常培育虾苗的水体盐度相对较高(10‰~30‰),但出苗可要求育苗场对虾苗进行盐度驯化,逐渐把水体盐度降低至5‰~10‰。经育苗场淡化的虾苗若仍无法适应养殖池水盐度条件,可于养殖池塘进一步实施"盐度渐降式"淡化,或在中间培养(标粗)过程中进行淡化处理。

可选择利用面积较小的池塘开展虾苗中间培养(标粗)(图2-43),到幼虾长到一定规格时再分疏到多个池塘养成。或在池边容易操作的地方,用不透水的塑料薄膜或编织布搭建围隔开展虾苗中间培养(标粗)(图2-44),围隔面积为池塘的10%~15%,将虾苗放养于围隔中培养20~30天,到幼虾

图2-43 池标法标粗

图2-44 搭建保暖棚的池塘标粗

生长到体长3～5厘米时撤去围隔，使幼虾分散至整个池塘养成，有条件的最好在围隔内安置充气式增氧系统，保证水体溶解氧的供给。一般可把标粗和淡化两个方面的工作结合进行，在放苗前先用适量的海水、盐卤水或海水晶（粗盐）对标粗水体盐度进行调节，使之与育苗水体相接近，然后再逐步添加新鲜淡水，直到与池塘水体盐度一致，幼虾在分疏养殖时已适应养殖水体的盐度条件。

（2）虾苗的放养方法　虾苗运输多采用特制的薄膜袋，装水10～15升，装苗5000～10000尾，袋内充满氧气，运输时间最好控制在5～8小时（图2-45）。如果虾苗场与养殖场距离较远需要长时间运输，装苗时可酌情把虾苗个体规格或苗袋装苗数量降低，或在运输过程中用冰块降温，保证虾苗经过长距离运输的成活率。虾苗运至养殖场后，先将密闭的虾苗袋放于池塘水体中漂浮半个小时，使虾苗袋的水温与池水温度相接近。同时，取少量虾苗放入虾苗网置于池水中"试水"20分钟左右，观察虾苗的成活率和健康状况，确认无异常状况，再

图2-45　装满虾苗的塑料袋

将漂浮的虾苗袋解开，在池中均匀放苗。南美白对虾的放苗水温最好在20℃以上，气温低于20℃时需加盖温棚。根据近年来我国对虾养殖主产区的天气变化情况，在未搭建温棚的条件下，虾苗放养时间多选择在四月中下旬至五月中下旬。放苗应选择在天气晴好的清早或傍晚，避免在气温高、太阳直晒、暴雨时放苗，应选择避风处放苗，避免在迎风处、浅水处放苗。通常，淡化养殖池塘放养南美白对虾虾苗密度为4万～6万尾/亩，具体操作中需综合考虑水深、虾苗的规格与质量、增氧强度、商品对虾的目标产量及规格、养殖技术水平和生产管理水平等因素而定。

3. 科学投喂

在选择对虾饲料时应该优先考虑饲料的质量问题，其次才是价格因素，购买信誉好、规模大、技术服务好的品牌有利于保证饲料的产品质量。饲料的产品质量可包括以下几个方面：营养全面，满足对虾健康生长的营养需要；产品质量符合国家相关质量、安全、卫生标准；饲料系数低、诱食性好；加工工艺规范，水中的稳定性好、颗粒紧密、光洁度高、粒径均一、粉末少。

开始投喂饲料的时间要根据放苗密度、饵料生物的数量以及虾苗规格等因素决定。如果水体中浮游生物数量丰富，可在放苗后一周开始投喂饲料，如果水体中浮游生物数量少，则应在放苗第二天开始投喂饲料。若放养的是经过中间培养（标粗）的虾苗，应该在放苗当天开始投喂饲料。虾苗在中间培养（标粗）期间，可适当增加投喂一些虾片和丰年虫。

科学投喂饲料是保证养殖效益的一个重要保证，过高的投喂次数和投喂量不仅不能促进对虾的生长，还会增加水体环境负担，提高养殖成本，不利于获得良好的养殖效益。一般淡化养殖南美白对虾的饲料投喂频率为每天3次，投喂时间为7：

00、11∶00、18∶00。根据池塘对虾的数量和大小规格，结合饲料包装袋上的投料参数确定饲料型号和投喂量。通常日投料量约为池内存虾重量的1%～2%，傍晚可按日投料量的40%投喂，早上和中午各按30%投喂。投喂饲料时应全池均匀泼洒，使池内对虾均易于觅食。为观察对虾的摄食情况，可在离池边3～5米且远离增氧机的地方安置2～3个饲料观察网，每次投喂饲料时在饲料网上放置约为当次投料量1%的饲料，投料后1～1.5小时进行检查，根据饲料网上的余料情况增减饲料量。此外，养殖过程中还应该根据养殖密度、天气情况、水质、对虾健康状况等具体情况适量增减投喂量和投喂次数。一般在养殖前期多投，中后期"宁少勿多"；气温剧烈变化、暴风雨或连续阴雨天气时少投或不投，天气晴好时适当多投；水质恶化时不投；对虾大量蜕壳时不投，蜕壳后适当多投。

在养殖过程中，可适当选择一些添加了芽孢杆菌或中草药成分的功能饲料，也可自行利用芽孢杆菌、乳酸菌、酵母、维生素、中草药、免疫多糖和免疫蛋白等进行饲料拌喂，用以提高饲料利用率，增强养殖对虾的抗病和抗逆能力，提升对虾健康水平。其中芽孢杆菌、乳酸菌、酵母菌等有益菌制剂主要用于促进消化，降低饲料系数，抑制有害菌生长；维生素C等维生素制剂有利于提高对虾免疫力，促进正常的生长代谢；板蓝根、黄芪、大黄等中草药可用于提高对虾抗病力和抗应激能力，提升养殖成功率，还有一定的促生长作用。进行拌喂时，可先将制剂用少量的水溶解，然后均匀泼洒于要投喂的饲料上，搅拌均匀，也可少量添加一些海藻酸钠等黏附剂，然后自然风干半个小时左右即可使用。

4．水环境管理

（1）封闭与半封闭型的水质管理　养殖前期实行全封闭养殖，放苗一个月内保持不添、换水。中后期为半封闭管理，中期逐渐添水至满水位,后期根据池塘水质变化、对虾健康状况、水体藻相结构和密度,以及外界水源水质情况适当换水。为保持养殖水环境稳定,避免造成对虾应激反应,所进水源应在蓄水池进行沉淀、消毒,并将盐度调节至与养殖水体接近后再引入池塘,每次添、换水量不宜过大。

(2)水体微生态调控 养殖过程中每隔7~15天定期施用1次芽孢杆菌制剂,直到对虾养殖收获。含芽孢杆菌活菌量10亿/克的菌剂,按水体为1米水深计算,放苗前的使用量为1~2千克/亩,养殖过程中每次用量为0.5~1千克/亩。当出现水质老化、溶解性有机物多、亚硝酸盐高、pH过高等情况时使用乳酸杆菌制剂,含活菌5亿/毫升的菌剂,按水体为1米水深计算,每次使用量为2.5~3千克/亩;如果水体水色浓、透明度低,可适当加大用量至3.5~6千克/亩。在水体出现微藻繁殖过量、氨氮过高、水质恶化和连续阴雨天气的情况下施用光合细菌菌剂,含光合细菌活菌5亿/毫升的菌剂,按水体为1米水深计算,每次使用量为2.5~3.5千克/亩;若水质恶化出现变黑发臭,可连续使用3天,水色有所好转后隔7~8天再使用1次。养殖过程中除了施用有益菌制剂调控优良藻相外,还可适量使用无机营养素,促进微藻稳定生长。一般养殖前期水体营养相对缺乏,且饲料投喂量也少,微藻的营养盐供给不足,容易发生藻相衰落,相隔一到两周需追施微藻营养素补充水体营养促进微藻生长;在暴风雨或连续阴雨天气时,藻相容易发生更替,需提前增加水体营养稳定池塘藻相;当微藻过度繁殖后水中营养盐被大量消耗,及时补给微藻营养素,可防止池水老化和微藻大量衰亡,有利于维持藻相和水质的稳定。

一般养殖中期以后,每隔7~10天施用养殖底质改良剂如沸石粉等,澄清水中过多的悬浮颗粒。另外还可将有益菌制剂与理化型的水质、底质改良剂配合使用,起到良好的协同功效。例如，将芽孢杆菌、乳酸菌、光合细菌与沸石粉、白云石粉等吸附剂联合使用，有利于把有益菌沉降到池底，达到澄清水质、改良底质的效果。若遇到强降雨天气，pH过低，可适量施用石灰水稳定水体环境，还可配合使用增氧剂，提高水体溶解氧含量，短时间内缓解水体缺氧压力。由于淡水中的钙、镁离子含量偏低，养殖中、后期对虾蜕壳相对集中时，还需在饲料中添加和往池水中泼洒钙、镁离子制剂，以满足对虾对钙、镁的需求。

（3）增氧机的使用　通常1～3亩的养殖面积配备1台功率为0.75～1.5千瓦的水车式增氧机，具体配置数量和功率应该根据对虾养殖密度合理安排。增氧机的开启原则为：养殖前期少开，养殖后期多开；气压低、阴雨天气时多开，夜晚至凌晨阶段及晴好天气光照强烈的午后均应该保证增氧机开启。

5. 虾池中鱼类的套养

根据不同地区水质情况可在对虾养殖过程中套养少量的杂食性或肉食性鱼类，如罗非鱼、鲻鱼、草鱼、革胡子鲇、黄鳍鲷等，用于清理池中有机碎屑和病死虾，起到优化水质环境和防控病害暴发的作用。

在虾池中放养罗非鱼可有效净化水体环境，提高对虾养殖效益。其中，南美白对虾虾苗的放养密度为4万～6万尾/亩，个体体长为0.8～1厘米；罗非鱼放养密度为200～400尾/亩，罗非鱼的个体规格为5克以上。若水体年平均盐度小于5‰的，还可同时每亩套养鳙鱼50尾或鲢鱼30尾。

套养一定量的草鱼和革胡子鲇，可防控养殖对虾病害的暴发，增加养殖效益。套养草鱼的可先放养南美白对虾虾苗4万～6万尾/亩，两至三周后对虾生长到体长2～2.5厘米时再放养草鱼，草鱼个体规格为1千克左右，数量为每亩30～60尾，具体根据放养虾苗的密度适当调整。选择革胡子鲇进行套养时，鱼的投放数量须严格控制，不宜过量投放，按5万～10万尾/亩的密度先投放南美白对虾虾苗，两至三周后对虾个体生长到体长2～2.5厘米时再放养革胡子鲇，革胡子鲇个体规格为400克左右，每亩的放养数量为50尾左右。考虑到革胡子鲇生性凶猛，能摄食一定数量的活虾，因此虾苗的放养数量可根据养殖设施条件适量增加。

6. 日常管理工作

养殖过程中应及时掌握养殖对虾、水质、生产记录及后勤保障等方面的情况，每天做到早、中、晚三次巡塘检查。

（1）观察对虾活动与分布情况。及时掌握对虾摄食情况，在每次投喂饲料1小时后观察对虾的肠胃饱满度及摄食饲料情况。养殖中后期不定期抛网估测池内存虾量，测定对虾的体长和体重，观察对虾的身体状况。如果对虾夜间易受惊吓（俗称"跳虾"），有可能是因为池塘底质环境恶化、对虾密度过大、水中溶解氧含量不足；如果对虾连续出现规律性的巡池游动，可能是池塘底部出现恶化，或者投喂饲料不足，对虾巡池觅食；如果出现部分对虾在水面浮游且肠道无饲料、肝胰腺发红、糜烂或萎缩、身体发红，有可能是对虾患病了；如果大量对虾在水面浮游，虾体并无异常状况，则说明池塘底质环境恶化、水体溶解氧含量严重不足。

（2）观察水质状况，每一到两周左右定期监测水体盐度、pH、水色、透明度、溶解氧、氨氮、亚硝酸盐、硫化氢等指标，有条件的还可定期取样观察水体中的微藻种类与数量，及时采取措施调节水质，稳定有益藻相，防止有害浮游生物的大量生长。

（3）根据水质条件和对虾健康状况，可适当使用二氧化氯、聚维酮碘等水体消毒剂和营养免疫调控剂，施用渔药时建立处方制，严格实行安全用药的原则要求。

（4）观察进排水口是否漏水，检查增氧机、水泵及其他配套设施是否正常运作。

（5）饲料、药品做好仓库管理，进、出仓需登记，防止饲料、药品积仓。

做好养殖过程有关内容的记录（如放苗量、进排水、水色、施肥、发病、用药、投料、收虾等），整理成养殖日志，以便日后总结对虾养殖的经验、教训，实施"反馈式"管理，建立水产品质量可追溯制度，为提高养殖水平提供依据和参考。

三、盐碱池塘高效养殖技术与模式

（一）盐碱池塘养殖模式的特点

我国有着广阔的盐碱水资源，主要分布于东北、华北以及西北内陆地区，但大部分处于荒芜状态。近年来，我国多地探索"以渔治碱"，积极开展盐碱地改造，发展适合当地的盐碱池塘养殖。

盐碱水因其成因与地理环境、地质土壤、气候等有关，使得其水质的水化学组成复杂，类型繁多，不同区域盐碱地水质中的主要离子比值和含量差别较大。根据其水化学组成，可将我国的盐碱水土资源大致分为东北内陆碳酸盐型、西北内陆硫酸盐型、华北滨海复合型、东部盐涂氯化型及中部次生复合型。盐碱水质大都具有高pH、高碳酸盐碱度、高离子系数和类型繁多的特点，直接影响养殖生物的生存，给水产养殖带来了较大难度。因此，水质调节成为盐碱池塘养虾成败的关键。

南美白对虾盐碱池塘养殖方式应根据池塘的条件现状分为粗放养殖、半精细养殖和虾鱼蟹混合养殖等模式。

粗放养殖是一种对自然水域采取少放苗种不投饵或少投饵，实施人工管护的生态养殖方式，是一种投入低、产出高、经营风险小，以大规格提高产量，以质量增加效益的养殖经营方式。南美白对虾放苗密度一般为3000～5000尾/亩。

半精细养殖对池塘条件要求较高，池塘面积要求在5～30亩，池水深度1.5～2.5米，有水源可补充或交换，装备有增氧设施，人工投喂配合饲料，南美白对虾放苗密度为1万～3万尾/亩，是一种高投入、高产出的养殖经营方式，对技术和管理的要求较高。

虾鱼蟹混合养殖是一种从科学养殖经营的角度出发，合理搭配鱼、蟹等混养品种的养殖模式。混合养殖的不同品种在同一个水体内养殖生产，使生物间形成一种共生共栖和相互依存关系，食物和水体的立体空间能够充分得到利用，在同一个水域能生产出多种水产品，体现和发挥了水生动物的群体效应和水域生产能力。而且对于对虾养殖病害发生具有一定的生物预防性，较单一品种的养殖具有一定的经营风险互补性。

（二）盐碱池塘养殖的技术流程

1. 虾苗放养前的准备工作

（1）清理池塘及消毒除害　　上一茬养殖收获结束后，应尽快把虾池水排出，及时将池内污物冲洗干净。清除的淤泥应运离养殖区域进行无害化处理，不可将淤泥推至池塘堤基上，以防下雨时随水流回灌池塘中。清淤完毕，应对池塘进行修整。一是要把池塘底部整平，凹凸不平的池底易堆积淤泥，不利于对虾生长，也不利于底质管理和收获操作；若池底的塘泥较厚，水位较低，可考虑清出部分底泥（图2-46）。二是全面检查池塘的堤基、进排水口（渠）处是否坚固，有渗漏的地方应及时修补、加固，以防养殖期间水体渗漏。修整工作完成后，在池塘中撒上石灰，并对池底翻耕，再次暴晒。一般来说，晒池时间越久，有机质氧化和杀灭有害生物的效果越好，清淤彻底的池塘进行数天至15天暴晒即可，淤泥较多的池塘应进行更为彻底的暴晒，使池底呈龟裂状为佳。

图2-46　机械清淤翻耕池底

经过彻底清整和长时间暴晒的养殖池塘，可不使用药物除害消毒，直接灌入水源。无法排干水、暴晒不彻底的养殖池塘，应使用药物进行除害消毒，避免池塘中存在有害生物。在放苗前15天～20天，选择晴好天气的中午施用适量生石灰、漂白粉、茶籽饼、鱼藤精对池塘进行除害消毒。用药前需在闸门处安装60～80目的筛绢网，通过筛绢网纳入少量水，施药除害消毒。进水不需过多，准确计算池塘水体，根据实际水体计算用药量，这样既能节约药物又能达到除害消毒作用。操作时，应使药物分布到虾池的角落、边缘、缝隙、坑洼处，药水浸泡不到的地方应多次泼洒。池塘浸泡24小时后，使用茶籽饼或生石灰后无须排掉残液，可直接进水到养殖所需水位；使用其他药物后,应尽可能把药物残液排出池外,并进水冲洗排出,再进水到养殖所需水位。清除敌害的药物均有一定的毒性和腐蚀性,使用时要注意安全,尽量避免与人体皮肤接触,施药人要站在上风处施药,用过的用具应及时洗净。

(2) 进水与水体消毒　池塘消毒5～7天后,使用60～80目筛绢网过滤进水,以去除水体中悬浮性或沉淀性的颗粒物及其他生物,减少水源中的杂质和有害生物对养殖对虾的影响。水源充足、养殖过程进水方便的池塘,可先进水50～80厘米,养殖过程可根据对虾生长和水质变化逐渐添水;水源不充足、养殖过程进水不便的池塘,应进水80～100厘米。池塘进水到合适的水位以后,选用安全高效的水体消毒剂对水体进行消毒,杀灭水体中潜藏的病原微生物及有害微藻等。盐碱池塘水体消毒宜选择海因类消毒剂,对多种致病菌、病毒、霉菌均具有极强的杀灭作用,但对浮游微藻的损害较小。使用时,按照说明书标注的用量用法进行水体消毒。如果进水量较大,亦可采用"挂袋"式消毒方式,将消毒剂装入麻包袋捆扎成"消毒袋",挂于进水口处,调节进水闸口至适当大小,使水源流经"消毒袋"再进入池塘,可对进水进行消毒处理。

(3) 放苗前优良水体环境的培育　池塘水体消毒3天后,施用水体营养素(肥料)和有益菌制剂进行肥水培水,培养优良浮游微藻和有益细菌,繁殖基础饵料生物。根据养殖池塘水色和生物的不同情况,灵活掌握施肥的种类和数量。在施用水体营养素的同时,应使用芽孢杆菌、乳酸菌等有益菌制剂。芽孢杆菌可以提高池塘环境的菌群代谢活性,将池塘中的有机物降解转化为可被微藻直接吸收利用的营养元素,促进微藻的快速生长,优化水体环境并为虾苗提供鲜活生物饵料。乳酸菌可分解利用有机酸、糖、肽等溶解态有机物,还可平衡水体酸碱度,抑制弧菌等有害菌的繁殖。由于放苗前采取清塘和水体消毒等措施，池塘中微生物数量较低，及时使用有益菌制剂有利于促进有益菌生态优势的形成，发挥生态调节作用。

施用水体营养素和有益菌制剂以后，通常10～15天可达到良好效果，池塘水体显示豆绿、黄绿、茶褐等优良水色，透明度达到40～60厘米。

（4）池塘水质调节　盐碱地水质复杂、特殊，水质调节成为盐碱池塘养殖对虾成败的关键。盐碱地水质主要表现出高pH、高碳酸盐碱度、高离子系数和类型繁多的特点，应有针对性地进行调节。

① 降低水体pH的措施

a. 科学施肥。池塘施肥时有意识地选择使用酸性肥料，并且要少量多次，使水体保持适当肥度，防止浮游微藻过度繁殖，光合作用过强，大量消耗二氧化碳引起pH升高。

b. 施用有益微生物制剂。使用芽孢杆菌、乳酸菌等有益产酸菌，促进有机成分酸化，起到降低pH的作用。

c. 直接施用酸性物质。当池水pH过高（＞9.5）时，施肥和施菌调节的措施起效较慢时，可以直接使用有机酸（如腐植酸、草酸、柠檬酸等）进行调节，每亩使用2～3千克，3小时内可以使池水pH降低1～1.5。

② 高碳酸盐碱度的调节。降低池水盐碱度可从水源、肥料及药物三方面进行。

a. 水源。如果池水pH值太高，可适当补充部分pH值低的地表水（河水、水库水）或深井水。

b. 尽量少使用含有碱性金属离子（钙、钾、钠离子）的无机肥料。

c. 有选择性地使用清塘药物。在盐碱池塘养殖中应避免使用或最低限度使用含氯制剂、硫酸亚铁等药物，以防形成络合物。

③ 硬度和离子组成的调节

a. 化学调节方法。通过对养殖池塘水质的化验和分析，了解水体离子组成、含量以及比例，对于缺少的成分可直接施入适量的化学物质进行调节，如缺钾可直接补入氧化钾。结合调节水体的pH，调节离子的溶解度，从而起到调节离子组成的作用。

b. 生物调节方法。施用有益微生物制剂，改善池塘水体养分的内循环，通过调节物质代谢起到调节离子成分的作用。还可以考虑提高池塘水体的肥度，通过配方施肥或接种有益微藻，使有益微藻成为优势种群，通过微藻对水体中各种离子的同化吸收，起到调节水体离子组成的作用。

2. 虾苗的放养

（1）虾苗的中间培育（标粗） 虾苗放养过程中的中间培育，是对虾养殖的重要技术工艺环节，它能够使苗种在中间培育过程中，集中强化培育，使苗种发育更健壮。

在养殖池进水处一角，采用围网加塑料布围起面积为池塘面积的1/20～1/10作为标粗培育池（图2-47）。如果室外池

图2-47 围网中间培育

塘水温低于22℃，则要另建塑料温棚标粗池，确保水温高于25℃。标粗培育池面积小，可进行盐度调整和饵料的集中投喂，相比大水面池塘，更有利于培水和生物繁殖。标粗期间集中强化投喂优质鲜活饵料，每天控制10厘米左右的池塘水交换，经10～15天后，撤去围网与塑料布，使虾苗自行游入养殖池塘，进入养成管理阶段。

（2）虾苗的放养 虾苗的环境适应性相对较弱，放苗前应确保养殖池塘符合虾苗存活和生长的需求。一般来说，养殖水体溶解氧含量应大于4.0毫克/升，pH在7.5～9.0，水色呈鲜绿色、黄绿色或茶褐色，透明度为40～60厘米，氨氮浓度小于0.3毫克/升，亚硝酸盐浓度小于0.2毫克/升，水体盐度与育苗场出苗时的水体盐度接近，水深在1米以下。

虾苗运输多采用特制的薄膜袋，装水10～15升，装苗5000～10000尾，袋内充满氧气，运输时间最好控制在5～8小时。如果虾苗场与养殖场距离较远需要长时间运输，装苗时可酌情把虾苗个体规格或苗袋装苗数量降低，或在运输过程中用冰块降温，保证虾苗经过长距离运输的成活率。虾苗运至养殖场后，先将密闭的虾苗袋放于池塘水体中漂浮半个小时，使虾苗袋中的水温与池水温度相接近（图2-48）。同时，取少量虾苗放入虾苗网置于池水中"试水"20分钟左右，观察虾苗的成活率和健康状况，确认无异常状况，再将漂浮的虾苗袋解开，在池中均匀放苗。放苗应选择在天气晴好的清早或傍晚，避免在气温高、太阳直晒、暴雨时放苗，应选择避风处放苗，避免在迎风处、浅水处放苗。

3. 科学投喂

饲料的质量状况对养殖对虾的生长和健康水平具有重要的影响。养殖过程中，把握好合理的投喂时间、投喂次数和投喂量，科学投喂优质配合饲料，不仅有利于促进养殖对虾的健康

图2-48　虾苗袋浸泡

生长，还可降低饲料成本，减轻水体环境负担，提高养殖综合效益。优质的对虾配合饲料应具有如下特点：①营养配方全面、合理，能有效满足对虾健康生长的营养需要；②水中的稳定性好、颗粒紧密、光洁度高、粒径均一；③原料优质、饲料系数低、具有良好的诱食性；④加工工艺规范，符合国家相关质量、安全、卫生标准。

养殖过程一般在离池塘边3～5米并远离增氧机的地方设置饲料观察网，以此观察对虾的摄食和生长情况。饲料观察网的位置与增氧机应有一定距离，避免水流影响对虾的摄食而造成对全池对虾摄食情况的误判。

放苗以后，如果池塘基础饵料生物丰富，水色呈鲜绿色、黄绿色或茶褐色，透明度约30厘米，放养的虾苗全长为0.8～1.2厘米，可以7～10天才开始投喂人工饲料，若池塘基础饵料生物不丰富则应在放苗第二天开始投喂饲料。如果放养经中间培育、体长3厘米以上的虾苗，则第二天就应该投喂配合饲料。还可通过在饲料观察网放置少量饲料来判断对虾是否开始摄食，以准确掌握开始投喂配合饲料的时间。

南美白对虾是散布在全池摄食的，投喂饲料时在池塘四周多投，中间少投，并根据各生长阶段适当调整投料位置。小虾（体长5厘米以下）活动能力较差，在池中分布不均匀，饲料主要投放在池内浅水处，而中大虾则可以全池投放。投喂饲料时应关闭增氧机1小时，否则饲料容易被水流带至池塘中央与排泄物堆积在一起而不易被摄食。

南美白对虾在黎明和傍晚摄食活跃，根据其生理习性，一般每天投喂3次，时间选择在6：00～7：00、11：00～12：00、17：00～18：00进行投喂。每天投喂时间应相对固定，使对虾形成良好的摄食习惯。饲料的日投喂量可通过估测池塘对虾的数量和体重，结合饲料包装袋上的投料参数大致确定，但考虑到天气、水质环境、养殖密度及对虾体质（包括脱壳）等多种因素的影响，具体投喂量应依据对虾实际摄食情况而定。每次投喂饲料时，可在饲料观察网放置饲料投喂总量的1%～2%，投料后1～1.5小时观察饲料观察网的饲料量和对虾摄食情况，相应调整下一次投喂的饲料量。若有饲料剩余，表明投喂量过大，可适当减少投料量；若无饲料剩余，且80%的对虾消化道有饱满的饲料，表明投喂量较为合适，若对虾消化道饲料少，则需要酌量增加投料量。

4. 水环境管理

（1）定期施用芽孢杆菌制剂　养殖过程施用芽孢杆菌有助于形成有益菌生态优势，及时降解转化养殖代谢产物，使池塘物质得以良性循环，促进优良微藻生长，抑制弧菌等有害菌滋生，降低水体有害物质积累。养殖过程每隔7～15天应施用1次，直到对虾收获。每次的使用量要合适。施用含芽孢杆菌活菌量10亿/克的菌剂，按池塘水深1米计算，放苗前的使用量为1～2千克/亩，养殖过程中每次使用量为0.5～1千克/亩。使用芽孢杆菌菌剂之前，可将芽孢杆菌菌剂加上0.3～1倍的有机物（麦麸、米糠、花生麸、饲料粉末等）和10～20倍池塘水搅拌均匀，浸泡发酵4～5小时，再全池均匀泼洒。也可直接用池水溶解稀释全池均匀泼洒。施用芽孢杆菌菌剂后不宜立即换水和使用消毒剂，若有使用消毒剂，2～3天应重新施用芽孢杆菌。

（2）合理施用乳酸菌制剂　养殖过程施用乳酸菌，可分解利用有机酸、糖、肽等溶解态有机物，平衡酸碱度，净化水质，还能抑制微藻过度繁殖，使水色清爽、鲜活。

当养殖中后期出现水体泡沫过多、水中溶解性有机物多、水体老化和亚硝酸盐浓度过高等情况时，可使用乳酸菌制剂进行调控，促使水环境中的有机物得以及时转化，降低亚硝酸盐含量，保持水质处于"活""爽"的状态。此外，乳酸菌可产酸，养殖过程如出现pH过高的情况，可利用乳酸菌进行调节，起到平衡水体酸碱度的效果。施用活菌含量5亿/毫升的乳酸菌制剂，按1米水深计算，每次用量为2.5～3千克/亩，若水体透明度低、水色较浓，使用量可适当加大至3.5～6千克/亩。

（3）调节水体营养素　放养虾苗以后，微藻的生长发挥了重要的作用，水体营养水平相应大幅降低，此阶段应该及时补充水体营养素，保障微藻稳定生长，维持良好水色。一般来说，自第一次施用水体营养素以后，相隔7～15天应追施一次，重复一至两次。以施用无机复合营养素或液体型无机有机复合营养素为宜，不宜使用固体型大颗粒有机营养素。具体用量可根据选用产品的使用说明，结合微藻的生长和营养状况酌情增减。

（4）合理使用理化型环境改良剂　随着养殖时间的延长，池塘水体中的悬浮颗粒物不断增多，水质日趋老化，加之养殖过程中天气变化的影响，水体理化因子常常会发生骤变。此时，在合理运用有益菌调控的基础上采取一些理化辅助调节措施，科学使用理化型水质改良剂，可及时调节水质，维持养殖水环境的稳定。

沸石粉、麦饭石粉、白云石粉是一类具有多孔隙的颗粒型吸附剂，具有较强的吸附性。养殖中后期水体中悬浮颗粒物大量增多，水质混浊时，每隔一至两周可适当施用，吸附沉淀水中颗粒物，提高水体的透明度，防控微藻过度繁殖，在强降雨天气后也可适量使用。

当水体pH过高，则可适量施用腐植酸，促使水体pH缓慢下降，并趋向稳定在适宜对虾生存的范围之内。同时配合使用乳酸菌制剂效果更好。

养殖中后期池塘中的对虾生物量较高，遇上连续阴雨天气、底质恶化等情况，容易造成水体缺氧的现象。此时应立即使用一些液体型或颗粒型的增氧剂，迅速提高水中的溶氧含量，短时间内缓解水体缺氧压力。

（5）合理施用光合细菌制剂　光合细菌是一类含有光合色素，能进行光合作用但不放氧的原核生物，能利用硫化氢、有机酸做受氢体和碳源，利用铵盐、氨基酸、氮气、硝酸盐、尿素做氮源，但不能利用淀粉、葡萄糖、脂肪、蛋白质等大分子有机物。养殖过程合理使用光合细菌制剂，可达到平衡微藻藻相，缓解水体富营养化的作用。

在养殖中后期，随着饲料投喂量的不断增加，水体富营养化水平日趋升高，容易出现微藻过度繁殖、透明度降低、水色过浓的状况，此时可使用光合细菌制剂，利用其进行光合作用的机制，通过营养竞争和生态位竞争防控微藻过度繁殖，避免藻相"老化"，调节水色和透明度，净化水质（尤以对氨氮吸收效果明显），优化水体环境质量。此外，光合细菌在弱光或黑暗条件下也能进行光合作用，在连续阴雨天气科学使用，可在一定程度上替代微藻的生态位，起到吸收利用水体营养盐、净化水质、减轻富营养水平的作用。

光合细菌制剂的使用量按菌剂活菌含量和水体容量进行计算。活菌含量5亿/毫升的光合细菌菌剂，以1米水深的池塘计算，通常的用量为2.5～3.5千克/亩，若水质严重不良可连续使用3天。使用时将菌剂充分摇匀，用池水稀释后全池均匀泼洒。施用光合细菌菌剂后不宜立即换水和使用消毒剂。

5. 日常管理

养殖过程中每天应做到早、中、晚三次巡塘检查，及时掌握养殖对虾、水质、生产记录及后勤保障等方面的情况。

6. 收获

对虾养殖到商品规格后，根据市场价格行情收捕上市。因为南美白对虾为昼夜活动觅食，所以白天和夜间都能收捕，自然收捕以夜间收捕量最大。其收捕方式主要有轮放间捕和拉网集中收捕等。

（1）轮放间捕　根据养殖模式采取多茬养殖，轮放间捕模式的，应采用捕大养小的方法，使用适宜网目的地笼收捕。在高温季节收捕，要注意一条网的收捕量不宜太多，否则会因过于密集引起缺氧出现死亡，造成经济损失。此种收捕方式，一次性收捕量小，完全依靠对虾的活动自然收捕，收捕持续时间长。

（2）拉网集中收捕　如遇有发病等紧急情况可采用拉网集中收捕，此种方法需要一定的人力和动力拉网，一次性收捕量大，但易翻动池底，使池塘水质受影响。如在养殖期用该种方法收捕，应尽量减少拉网次数。如进入秋季收捕，首先将池水下降至1米左右，再拉网收捕。对虾收捕也可采取在排水闸门安装集虾网排水，循环冲水方式收捕。此外，秋季收虾，要严格掌握季节的温度变化，南美白对虾应在水温15℃以上时及时收捕完毕，避免因气候变化导致对虾活动停止，侧倒池底，给收捕带来困难造成经济损失。

第三节 小型温棚养殖技术与模式

小型温棚养殖模式是利用小型温棚开展南美白对虾养殖，采用低盐度水体、全程增氧的一种集约化封闭式养殖模式。该模式在江苏如东及周边地区迅速发展，成为当地主要的南美白对虾养殖模式（图2-49）。近年来，南美白对虾小棚养殖模式在全国范围内快速发展，已扩展到江苏、山东、浙江、福建、广东、广西等多个沿海地区。小棚养殖均由高标准的钢架温室棚代替原有竹木棚（图2-50），采用微孔增氧设备和技术，使池水保持高溶氧，提高养殖的成功率和经济效益。

扫一扫

观看视频小型温棚养殖模式

图2-49 小型温棚养殖模式

图 2-50　正在搭建的小棚

一、小型温棚养殖模式的特点

如东地区的小型温棚养殖模式具有池塘面积小、管理方便、水源质量好、可避免不良气候影响、投入相对较少、效益较高等特点。

（1）池塘面积小，管理方便　小棚养殖由于池塘面积小，饵料的投喂、观察和控制比较方便，增氧均匀且充足，进、排水易调控，使得养殖管理更为便捷，不需要过多人力。

（2）水源质量好　该模式多使用地下水为水源，进行长流水养殖。由于地下水中含有比例较高的 HCO_3^-，缓冲力强，换水的时候可保持总碱度和pH比较稳定；地下水养殖避免了污染水源的流入，减少病原的交叉感染，为对虾安全生长提供了有利的环境和条件。然而，大量使用地下水也是该模式备受诟病的重要原因之一。

（3）避免不良气候影响　在长江中下游地区，每年6月至7月的梅雨时节，持续多雨，空气湿度大、气温高，容易使养殖对虾产生强应激，从而引起病害的发生。利用小棚所具有的保温和受外界干扰小等特点，可有效保持水质稳定，帮助对虾安全度过梅雨时节。此外进入此气候时，小棚虾开始上市，不会造成较大损失。

（4）投入相对较少，效益较高　小棚搭建简易，成本较低，每亩约1万～1.2万。搭好的棚，一般可以用2～3年，可养4～6茬，虽然初次投入成本较高，但是分摊下来每茬小棚养虾的成本则相对较低。如果养殖顺利的话，一茬养殖的效益就可以全部收回成本的投入。

二、小型温棚养殖技术流程

1. 养殖时间

每年一般养殖2～3茬，根据各养殖场自身条件和养殖规划，确定放苗时间，大致为：第一茬2～3月投放虾苗，一直把虾苗养殖到3～4厘米后再开始分池塘养殖，5月可以反季节上市，是华东地区最早上市的商品虾，价格优势明显。第二茬5～6月份放苗，7～8月可捕捞上市。第三茬8～9月放苗，12月份陆续上市销售。

2. 池塘类型、池塘面积等情况

常见小棚的池塘面积在320～600平方米，所搭小棚长40～60米，宽约8～10米，塘深0.7～1.2米，池壁铺设塑料薄膜，池底为土质或砂质。池塘中间架设宽约20厘米的水泥板过道。对虾池塘搭建小棚，棚高约1.8米，用弧形钢筋或毛竹搭成，春季或入秋后在棚外覆盖塑料薄膜（图2-51）。

图2-51　小型温棚内景

以增氧的功率计算，每个小棚按1～2千瓦配备，池中每2平方米左右放置纳米增氧管（图2-52）1个或微孔管做成的曝气盘1个。同时，保证配电设备和发电机组配套齐全。条件允许的应设置蓄水池，以方便将刚抽取的地下水进行曝气处理。

3. 养殖管理操作

（1）放苗前准备　放苗前十几天开始进水40～50厘米，进水完成后进行池塘和水体消毒，一般一个小棚用漂白粉25千克（图2-53）。消毒后打开增氧机进行充分的曝气，消毒5～7天后使用硫代硫酸钠中和余氯，用量为1.5～2千克/棚。

水体余氯消失后进行解毒，解毒完成后开始"做水"，即培养水体中的有益藻类和微生物菌群。新挖池塘使用芽孢杆

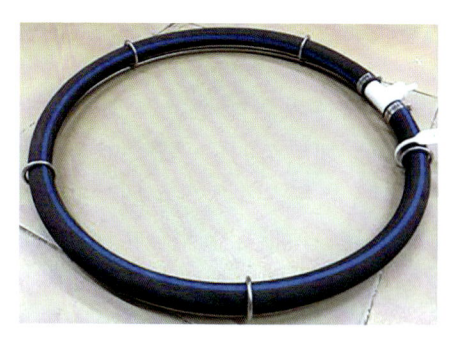

图2-52 纳米增氧管

图2-53 池塘消毒

菌与复合营养素，养殖多茬的池塘使用芽孢杆菌与氨基酸营养素。

（2）放养虾苗　待水温能稳定在20℃以上时方可进行虾苗的放养工作。计划放苗的前一天，检测水体的余氯、盐度、pH、氨氮等理化指标，并从育苗场拿虾苗的样本进行试水，若试水顺利并且各项指标检测合格（即余氯、氨氮最好不检出，盐度与育苗场水体的盐度接近，pH在7.8～8.6），则可以按照计划放养虾苗。放苗前要对虾苗进行细菌及病毒检测，检测达标后，再进行试苗。用盆或碗在小棚池中取些水，放入少量虾苗，在24小时内观察虾苗的活动情况，若无异常可放苗。一般每个棚放5万～6万尾虾苗。在放养虾苗的同时，向水中施用维生素、葡萄糖等抗应激的养殖投入品。

扫一扫
观看视频小棚养殖模式虾苗的放养

（3）饲养管理　虾苗放养当天或隔天开始投喂配合饲料，开始时每天投喂粉料20～50克/万苗，然后逐渐增加，直至虾能摄食完饲料观察网上的饲料后，饲料的投喂量以跟踪饲料观察网摄食情况为准。养殖前中期一天两餐，投喂量较少，一般为上午（7～8点）、下午（4～5点），每天加料10%。放苗20天左右后，控制饲喂量，使饲料观察网上的饲料可在1.5～2小时被吃完。养殖至50天开始，日投喂量达5千克/天时，每天可增加一餐，即为3餐，分别为早晨（6点）、中午（11～12点）、下午（5～6点）。

扫一扫
观看视频小棚养殖中饲料的投喂

在养殖的不同阶段和对虾健康度不同的情况下，适时拌料投喂中草药、有益菌、免疫多糖、维生素等饲料添加剂。当天气转变、多雨、闷热、水质恶劣等情况发生时，及时减少饲料的投喂。

（4）水质调控　养殖过程中，水质的调控主要依靠使用有益微生物制剂来调控，常规使用的产品为芽孢杆菌、乳酸菌和光合细菌，部分养殖户也会使用噬弧菌抑制水体中弧菌的繁殖。养殖前期，由于水质清瘦，在水体中泼洒氨基酸、肥水膏等藻类营养剂来促进有益藻类的繁殖。养殖中后期，根据池塘底质的恶化状况使用底质改良剂制品。除此之外，解毒类产品使用也较为普遍，添加地下水、阴雨天气、藻类生长不良等情况下均有使用。

4. 病害防控

禁止放养携带病原的虾苗；养殖池中对虾若出现发病症状时应及时清除死虾，并加强营养供给，增强对虾体质。

5. 养成收获

经过80~100天的养殖，对虾规格达到40~100尾/千克的上市规格后，可根据市场需求适时收捕出售，可采用拉网或电网的方式捕虾。

扫一扫

观看视频电网收虾

第四节　工厂化全封闭循环水养殖技术与模式

一、工厂化全封闭循环水养殖模式的特点

对虾工厂化养殖主要有流水养殖、半封闭循环水养殖和全封闭循环水养殖三种形式。目前我国主要以流水养殖、半封闭循环水养殖为主。其中，流水养殖和半封闭循环水养殖的循环水处理设施配置相对不足，水资源利用效率和生产能耗控制方

面均有待技术改良。相比之下，全封闭循环水养殖方式水处理设施完善，可有效提高水资源利用效率。在本节的后续内容中将主要介绍工厂化全封闭循环水养殖模式。

对虾工厂化全封闭循环水养殖是设施渔业的重要组成部分之一，其是在人工控制条件下，应用设施渔业的现代化技术手段，在有限水体内进行对虾高密度养殖的一种环境友好型生产方式。对虾工厂化循环水养殖因其占地少、产量高、效益好，相比传统对虾养殖方式，可避免传统养虾方式带来的病害和环境污染等问题。工厂化全封闭循环水养殖依托一定的养殖工程和水处理设施，按工艺流程的连续性和流水作业性的原则，在生产中运用机械、电气、化学、生物及自动化等现代化措施，对水质、水流、溶氧量、饲料等各方面实行全人工控制，为养殖生物提供适宜生长环境条件，实现高产、高效养殖的目的。

二、工厂化全封闭循环水养殖系统组成

1. 养殖水处理系统

（1）过滤系统　主要是利用物理过滤法清除悬浮于水体中的颗粒性有机物及浮游生物、微生物等。可采用砂滤、网滤、特定过滤器等方式。在砂石资源丰富的地区一般可采用二级砂滤，即可把水体中的颗粒性物质基本过滤干净；网滤时网目的大小可具体根据水质情况及实际生产的需要而定；也有的养殖者将网滤和砂滤相结合，再利用其他过滤介质形成石英砂、珊瑚砂过滤，或麦饭石、沸石与珊瑚混合滤料过滤。有的还在滤料中添加一些多孔固相的吸附剂对水体加以净化，如活性炭、硅胶、沸石等，有报道指出利用活性炭吸附养殖水体中的有机物，最大吸附率可达82%，还有的吸附剂甚至可有效地去除水体中的一些重金属离子。

在一些机械化程度较高的工厂化循环水养殖系统中,研究者把上述过滤介质与机电设备加以有机结合,并辅以一些附件设施组成固定筛过滤器、旋转筛过滤器及自动清洗过滤器等高效的新型过滤器。这些过滤器能有效地对养殖水体进行连续性、高通量的过滤处理。

(2)消毒系统　在高密度的养殖条件下,水质情况会变得相对较差,水体中除了存在一些理化性的致病因子外,还具有相当数量的致病菌、机会致病菌。这不仅会大量消耗水体中的溶解氧,还会对养殖对虾产生严重的负面影响。因此,在对虾工厂化循环水养殖系统中一般还会配备消毒系统,利用物理、化学的措施减少致病因子对对虾的影响。

① 紫外线消毒器。紫外线对致病性微生物具有高效、广谱的杀灭能力,且所需的消毒时间短,不会产生负面影响。紫外线能穿透致病菌的细胞膜,使得其核蛋白结构发生变化,还可破坏其DNA的分子结构,影响其繁殖能力从而达到灭菌的效果。一般会将柱状紫外灯管置于水道系统中,以230～270纳米波长的紫外线照射流经水道的水体,照射厚度控制在20毫米内,时间大于10秒。

② 臭氧发生器。臭氧发生器主要是依靠所产生的臭氧对水体灭菌消毒。臭氧具有强烈的氧化能力,能迅速地令细胞壁、细胞膜中的蛋白质外壳和其中的一些脂类物质氧化变性,破坏致病菌的细胞结构。此外,还可氧化水体中的一些耗氧物质,使化学需氧量、亚硝酸盐、氨氮的负面影响降低到较低程度。

③ 化学消毒器。化学消毒器中一般会使用漂白粉、次氯酸钠、季铵碘等氧化性介质,利用氧化作用对养殖水体进行消毒。介质的用量要视养殖水体的具体情况而定。当前可使用的消毒器种类不少,应该根据养殖水体的具体情况选用合适的消毒器。相对而言,紫外线消毒器的消毒效果可能不如后两者的

效率高，但其副作用小，安全性较好；化学消毒器的消毒效果虽好，但如果使用不当可能会对养殖水体造成二次污染，例如含氯消毒剂的使用剂量过大，将导致水体中存在残留余氯，这对养殖生物的健康生长将产生不良影响；至于利用臭氧消毒，则应合理把握好水体中的臭氧含量，经消毒后的水体不能立即进入养殖系统中，而应曝气一段时间使水体中的臭氧含量降低到安全浓度时再行使用。

（3）增氧系统　增氧系统是对虾工厂化高密度养殖中最核心的组成部分之一。在面积较大的养殖池内可装配适量的水车式和水下小叶轮式增氧机，该种增氧机增氧效率高、使用方便，既可使养殖水体产生流动，又可起到增氧的效果，可在水质调节池、二三级对虾养殖池中使用。中小型养殖池可装备罗茨鼓风机、漩涡式充气机和拐咀气举泵增氧。充气式增氧机供氧具有较好的平稳性，具有动水及增氧的双重效果。一般要求供气量达到养殖水体的0.5%～1.0%。

在高溶氧的水质条件下更有利于养殖动物的生长繁殖，因此，近年来一些新的增氧设施亦在高密度的工厂化循环水养殖中加以应用。如纯氧、液氧、臭氧等发生装置及一些高效气水混合设施也逐渐配备在增氧系统中，该项技术的使用可使水体溶氧达到饱和或过饱和状态，提高水体中氧气的溶解率。

（4）增温系统　在温度较低的季节和地区一般会配备一套增温系统以确保养殖生产不受温度条件的限制。较常使用的是锅炉管道加热系统、电热管（棒）系统，在条件允许的地区还可充分利用太阳能、地热水等天然热源，这样既可有效利用天然资源进行多茬养殖，降低能源消耗成本，还可达到清洁生产的目的，降低养殖过程中对水质环境、大气环境产生的负面影响。可根据不同养殖地区的气候、水文等自然条件，充分利用各自的天然优势，合理设计与应用控温系统，降低能耗，减小工厂化循环水养殖的能源成本和环境成本，确保养殖生产的全年顺利开展。

2. 养殖尾水处理系统

对虾工厂化高密度养殖不仅要实现高产、高效的生产目的，还要利用一系列综合措施对养殖过程中产生的尾水进行处理，以解决高密度养殖给环境带来负面影响的问题。因此，尾水处理系统在对虾工厂化循环水养殖系统中具有重要的意义。由于在养殖过程所产生的尾水中存在大量的颗粒物及氨氮、亚硝酸盐等可溶性有害物质，故在尾水处理过程中将应用物理、化学、生物等手段，针对不同形式污染源进行处理。

（1）沉淀　对养殖尾水中含有的虾壳、对虾残体及排泄物、残饵、水质改良剂等大颗粒物质可在暗室沉淀池中沉淀处理，使上述物质得以沉降至池底。也有的系统中会引入旋转分离器，令水体旋转产生向心力从而把颗粒性物质集中于水池中央，然后通过中央排污的方式收集含固性养殖尾水做无害化处理。沉淀处理一般可将粒径大于100微米的颗粒物去除，而具体的沉淀时间则要视养殖尾水中大型颗粒物的数量而定。

（2）泡沫分离　对于悬浮态的细微颗粒污染物可应用气浮的方法进行泡沫分离。泡沫分离器可设计为圆筒状或迂回管状，将气体注入其中产生大量的气泡，气泡产生的表面张力将尾水中的溶解态、悬浮态的有机污染物吸附其上，并随着上升作用把污物举出水面形成泡沫，再由顶部的泡沫收集器收集泡沫，最后做无害化处理。有研究表明该项技术聚集污物的含固率可达3.9%。此外，该技术不但可有效去除悬浮态的有机污染物，还可向水体中注入一定的氧气，以助水体中耗氧物质氧化，若要增强氧化效果，还可在所注入的气体中添加臭氧成分。

（3）生物净化　养殖过程中投入的饲料及对虾残体、排泄物导致尾水中出现大量氨氮、亚硝酸盐、硝态氮、磷酸盐等物质。生物净化主要是利用微生物如芽孢杆菌、光合细菌、硝化细菌、反硝化细菌等吸收、降解水体中的有机质和氮、磷营养盐。在应用微生物技术净化养殖尾水时一般会把微生物进行固定化处理，把菌种固定于一个适宜生长、繁殖的固体环境中，如生物膜、生物转盘、生物滤器、生物床等形式，以提高生物量、增强微生物活性，从而达到快速、高效降解尾水中的有机质、氨氮、亚硝酸盐、磷酸盐等污染物的目的。

（4）排污系统　为了防止生物滤器堵塞及大颗粒悬浮物破碎成超细悬浮颗粒，系统采用养殖池双排水设计，并结合颗粒收集器、沉淀装置及机械过滤器三种水处理装置，使悬浮颗粒物能及时排出养殖池，并通过沉淀、过滤等方式得以去除，降低其他水处理设备的负荷。

3. 水质监测系统

目前，较先进的循环水养殖场均采用了自动化监控装备，通过收集和分析有关养殖水质和环境参数，如溶解氧、pH值、温度、氨氮、水位、流速和光照周期等，结合相应的报警和应急处理系统，对水质和养殖环境进行有效的实时监控，使循环水养殖水质和环境稳定可靠（图2-54）。由于对虾养殖的规格变化，养殖系统中各模块运作的独立性，再加上养殖水质指标变化的渐变性，决定了水质检测点分散，检测时限宽的特点。因此，在有的对虾工厂化循环水养殖系统中会配置自动采样检测的多参数检测系统，通过对管路内水体的水质参数检测，实现养殖系统内的自动巡测、循环或阶段性监测。有的简易式养殖系统为降低建设成本，也可采用人工阶段性水质采样跟踪的方法，对养殖系统中各模块进、出水的水质参数进行监测，根据既定的水质参数参考规范及时对整个工厂化循环水养殖系统进行合理调节，以达到平稳、高效的生产目的。

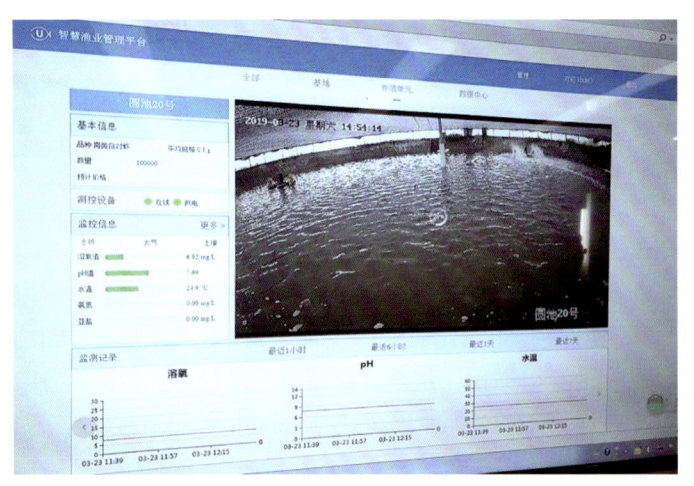

图2-54 水质监测系统

三、工厂化全封闭循环水养殖技术流程

1. 设施设备准备

主要包含蓄水池、养殖池、水循环处理设备和尾水处理池四部分，清整好养殖池，蓄水池开始进水，调试好各水循环处理设备以及尾水处理池。

2. 养殖水体消毒

在蓄水池中对水体进行消毒，按每立方米水体泼洒漂白粉（有效氯含量25%以上）10～20克，充分消毒6小时后，泵入养殖池使用。或在蓄水池和养殖池之间设置紫外线消毒装置或臭氧发生器，对进入养殖池的水体进行消毒灭菌处理。

3. 虾苗选择和放养

选择健康无病、活力强的对虾苗。肉眼观察，健康虾苗群体发育整齐，肌肉饱满透明，附肢中色素正常，胃肠充满食物，游动活泼，逆游能力强，无外部寄生物及附着污物。虾苗个体长1厘米左右。从异地购入苗种时应进行检疫，严防病原传播。

放苗时注意苗种运输水与暂养池水的温度、盐度、pH指标变化，严格控制温差在1℃、盐度差在2‰以内，24小时温差在3℃、盐度差在3‰以内。

虾苗至养成，可采用二阶段分级方法进行养殖。一阶段为暂养标粗，养殖30天左右虾苗生长达到3～4厘米后分苗，进入养成阶段。根据预计收获对虾规格及水处理能力确定各阶段放养密度，一般标粗阶段放养密度3000～5000尾/米^{2}为宜，养成阶段放养密度300～800尾/米^{2}为宜。

4. 饲料与投喂

（1）饲料要求　选用优质人工配合饲料，其营养成分及加工工艺过程必须符合国家所颁布的对虾配合饲料的标准要求。根据养殖对虾的不同生长阶段，投喂适宜规格的饲料。

（2）投饲量　南美白对虾日投饲量依据其生长、摄食以及水质状况而定。标苗期日投饲量为虾体重的12%～20%；养成期（虾体长＞3厘米）日投饲量为虾体重的3%～12%。

（3）投喂方法　沿池边均匀泼洒投喂，每日4～6次；或采用自动投料机自动投喂。

5. 水质管理

（1）主要养殖水质指标参考值　溶解氧≥5毫克/升，pH值7.0～8.5，总碱度≥120毫克/升，氨氮≤0.5毫克/升，亚硝酸盐≤1.0毫克/升，弧菌≤5000CFU/毫升。

（2）调控措施

① 培养生物膜。循环水处理系统启动前15～30天，通过人工定向接种上一茬养殖尾水或硝化细菌的方式促使生物膜

快速形成。养殖过程中需按时监测温度、盐度、pH、溶解氧、氨氮、亚硝酸盐、硝酸盐等相关水质指标,并控制在适宜范围内。

② 调节循环量。系统的水循环次数控制在 4～7 次/日为宜。随着投饵量增加,系统负荷逐渐加大,需根据养殖水体的氨氮、亚硝酸盐、悬浮固体颗粒等指标变化增加循环量以保证良好水质。

③ 抑制病原菌。适量添加微生态制剂和有益微藻来改善水质,促进水体中可溶性有机物的转化利用,抑制弧菌等病原微生物增殖,促进对虾生长。

④ 增加供氧量。养殖后期对虾的溶氧消耗量逐步增加,可采取加大纯氧供给量的措施提高养殖水体氧饱和度,给对虾创造一个良好生长环境。

⑤ 排污换水。每日排污换水量控制在 5% 以内。投喂饲料前进行人工排污,排出养殖池内的残饵粪便,定期清除微滤机等过滤的固体颗粒物。同时,及时补充因排污和蒸发损失的水分。

6. 日常管理

(1) 经常检查设施设备是否正常运行;注意用电安全,检查用电线路安全。

(2) 观察对虾日常活动状况,检查饲料观察网上饲料残余情况,做好相关记录。

(3) 定期检测各池水温、盐度、pH 值、总碱度、溶解氧、氨氮、亚硝酸盐等水质指标,发现异常,立即采取对应措施,并做好记录。

(4) 发现异常的虾或病、死虾,要及时捞出深埋。并查清原因,采取相应措施。

7. 养殖排放水处理

（1）养殖水排放前必须先经过水质净化处理后再排放，以免污染周围环境。

（2）养殖水排放处理主要采用物理和生物法。物理法主要是通过沉淀和过滤，去除有机颗粒物；生物法是使用微生物制剂、微藻以及贝类等来降解、吸收水中的溶解性营养盐，使养殖排放水得到净化后才可排放。

8. 养成收获

当虾体规格达到11厘米以上时，可起捕活虾上市。收获时间可视对虾规格、市场价格以及养殖情况而定。

第五节 零换水高效养殖技术与模式

一、工程化零换水养殖模式的特点

对虾工程化养殖，是设施渔业的一个重要组成部分，其是在原有集约化养殖池塘的设施条件下，利用微生物控制技术、简易大棚、水动力及增氧设施，为对虾生产提供适宜的生长环境，并通过保障优质饲料的供给，在有限的水体内实现高产量、高效益的一种高效养殖模式（图2-55）。针对传统海水集约化池塘养殖模式中换水量大、养殖风险高、水质环境可控性不足等共性关键技术瓶颈，以高效、安全、稳产、减排为切入点，以生物絮团技术为依托，通过定向强化池塘环境中菌群的硝化生态功能原位去除高浓度氨氮和亚硝酸盐胁迫，并串联有益菌、微藻、杂食性鱼类促进养殖生态环境中富余营养物质的转化与利用，在无需使用大中型设施设备的条件下使水体达到养殖系统内循环使用，实现对虾工程化零换水养殖，不仅大幅提高水资源的利用效率，还能有效减轻排放压力。

图 2-55 对虾工程化养殖池

二、工程化零换水养殖技术流程

1. 养殖池系统的准备

选择有大棚覆盖的小型高位池或室内养殖池，池内结构以跑道式结构为宜。池中须配置充足的增氧设备，可搭配使用射流器、水车式增氧机、射流式增氧机等，以满足高密度养殖的水体溶解氧供给；同时须保证水体能形成持续流动状态。养殖前5～8天对养殖池进行清洗与彻底消毒，检查调试相关设备，确保各设施部件正常运行，然后注入沙滤海水。根据养殖池具体情况，水深加至1.0～1.5米。

2. 放苗前池水的消毒与有益菌培养

池水注满后采用漂白粉等含氯消毒剂（含有效氯5～10毫克/升）消毒2～8小时，充分曝气8～20小时，去除余氯。养殖水体盐度15‰～35‰，水体总碱度高于110～140毫克/升，pH值7.0～8.5。

放养虾苗前4～8天，水温达到23～25℃，将对虾饲料破碎后和红糖按1：1的比例混合，并加入4～5倍体积的池水和适量芽孢杆菌制剂，充气发酵8～12小时后按10～20克/立方米全池泼洒发酵液1～2次，连续泼洒3天。同时，按细菌浓度10^3～10^4CFU/毫升加入经活化的硝化细菌制剂，直至水体中出现悬浮絮团颗粒，水色呈黄绿色或淡黄色，透明度达40～60厘米。

3. 虾苗放养

选择优质无特定病原的南美白对虾虾苗，规格为平均体长0.8～1.0厘米，个体活力好，体表干净，肌肉透明，肠道饱满，逆游能力强。放苗密度为300～600尾/米^2。具体放养密度需视养殖池大小和配套设备条件而定，放苗前须取小部分虾苗置于盛有养殖池水的容器中进行试水1～4小时，确定虾苗可适应水体环境后，再将所需放养虾苗均匀放入养殖池中。

4. 养殖水质的管理与监测

每1～2天测定水体盐度、水温、溶解氧浓度、pH值等指标；每5～7天测定水体总碱度、氨氮浓度、亚硝酸盐氮浓度、微生物菌团沉降量等指标。

放苗养殖10～15天，每次投喂饲料1小时后，按该次饲料投喂重量的50%称取红糖或按投喂重量的100%称取糖蜜，将之添加到养殖水体中，促进异养细菌的增殖。以石灰水调节水体总碱度，使其稳定在120～180毫克/升。每3～5天定期添加硝化细菌制剂，促进水体硝化细菌的增殖和形成硝化菌团。期间若氨氮浓度高于2～3毫克/升或亚硝酸盐氮浓度高于2.5～3毫克/升，可适当增加红糖或糖蜜添加量，促进有益菌的生长，进而有效控制养殖水质。

养殖16～100天，当水体形成以硝化细菌为优势的微生物菌团，可有效控制水体的氨氮和亚硝酸盐氮浓度，使之稳定低于1毫克/升，在此阶段可逐步减少或停止添加红糖或糖蜜，但仍需定期每3～5天添加硝化细菌制剂以保持其在水体中的生态优势。养殖40～50天之后，当水体中微生物菌团过多时，以沉淀桶或泡沫分离器等装置定期每7～15天去除富余的微生物菌团，将沉降量控制在8～16毫升/升。

养殖过程中以生石灰或碳酸钠调节养殖水体的总碱度与pH，使水体总碱度不低于120毫克/升，pH值保持在7.0～8.5，以维持硝化细菌良好的增殖环境。养殖全程须确保增氧机、射流器等增氧设备正常工作，使水体溶解氧浓度保持在5～7毫克/升，水体始终保持流动状态。

5. 饲料投喂管理

选用优质的南美白对虾全人工配合饲料，依据虾体大小和生长情况适时更换不同规格的饲料，做到定时、适量、全池投喂。每天投喂3～5次，上午投喂量为30%、中午为40%、傍晚为30%。

放苗当天投喂幼虾饲料，首次投喂量以虾苗生物量的15%～20%为宜。养殖1～21天期间，每天以前一天投喂饲料量的1.1～1.3倍逐步增加饲料投喂量；养殖22～100天期间，根据饵料台剩余饲料情况调整饲料投喂量。每次投喂饲料30～45分钟后检查饵料台，以摄食完全无残余饲料为宜。

6. 病害防控

禁止放养带病虾苗；建议养殖全程不换水，如需少量换水，养殖用水须消毒后使用，切断外源病原输入；养殖池中对虾若出现发病症状时应及时清除死虾，并加强营养供给，增强对虾体质。

7. 养成收获

经过80～100天的养殖，对虾规格达到40～100尾/千克的上市规格后，可根据市场需求适时收捕出售。

视养殖池水体容积大小，收获前1～4小时打开池子排水闸口，将养殖水体排入尾水处理池，待养殖池水深降低至30～45厘米，以捕虾网进行收获。

8. 尾水再利用

养成收获后的原养殖水体可直接继续用于下一茬虾的养殖生产，或通过"微生物—微藻—杂食性/滤食性鱼类"的链式生态处理技术，使尾水中的氮磷等营养物质通过"溶解态氮磷—颗粒态生物饵料—鱼体"的微食物链途径得以循环再利用，而经处理的水体可再回用至养殖系统中，提升水资源的利用效率。

第三章

养殖尾水综合处理技术

近年来,水产养殖业受病害、环保风暴、生产效率等多重因素的影响,严重阻碍了产业的可持续发展。在当前环保风暴和质量安全的监督下,养殖池塘面积缩减,养殖尾水处理势在必行。顺应当前生态文明、乡村振兴战略,我们始终呼吁和推动对养殖尾水进行生态净化处理,实施无害化排放,既有利于对虾养殖与良好生态环境的和谐共存,又有利于提升养殖区的环境自净功能,提高养殖场地的生产性能。

第一节 养殖尾水特点

1. 尾水来源及特点

传统海水高位池养殖模式的日常管理过程中会在每次投饲前排出池底集水区和出水管的积水;当池塘水体中氨氮、亚硝酸盐相对较高时养殖者会更换部分新鲜水体以缓解环境胁迫;在养殖收获时会轮流排出池水,降低水深便于收捕操作;待完全收成后再排出池底尾水并清洁池塘形成清塘水。

每天投饲前的尾水瞬时排放量相对较大,排水时间相对集中,日排放总量并不大;整个养殖季中收获期产生的尾水总量相对较大。

排放尾水中存在不少颗粒沉积物和对虾残体,水中的悬浮物、COD、总氮、总磷浓度远低于畜禽养殖尾水和生活污水,但高于水产养殖尾水相关排放标准要求。

2. 尾水处理思路

通过养殖过程中强化池塘微生物水质净化功能,从源头严控尾水产生量,降低尾水处理系统的短时通量,结合末端的生态综合净化,构建尾水生物净化的生态池和生态沟渠等相关配套设施,实现尾水达标排放或继续回用。

第二节 养殖尾水处理技术模式

参考《广东省水产养殖尾水综合处理技术推荐模式》《南美白对虾小型温棚养殖尾水生态化治理技术规程》(DB32/T 4467—2023)等,总结了以下多种养殖尾水处理技术模式。

一、海水高位池或小棚池养殖尾水处理模式

(一)高位生态池的养殖尾水处理模式

1. 技术要点

(1)养殖尾水的控源减量 养殖过程中根据池塘水质和实时天气状况,每7~10天定期按10^3~10^4CFU/mL选择使用净水型芽孢杆菌、光合细菌、有害蓝藻溶藻菌和海水硝化菌等微生物菌剂,增强对养殖水环境的原位控制,及时降解池塘水体中的有机质,去除氨氮、亚硝酸盐氮等有害氮素,稳定控制

水体微藻藻相，防控有害微藻藻华。从而有效控制因缓解养殖生物环境胁迫而引起的大量换水，对养殖过程的尾水控源减量。

对于单池面积不大于2亩、养殖区排水口距离滨海水域较近的高密度精养高位池，可每4～6口邻近的池塘为一组，在岸基配置一套20～40立方米的多功能微生物强化培养箱，箱体可用防锈集装箱、塑料箱（桶）等进行组装，使用固定化培养的高活性有机质降解菌、海水硝化菌等微生物滤器持续净化池塘水体，净化后的养殖水体再回流至池中利用。

（2）综合性生态净化处理

a. 养殖尾水处理设施面积。根据养殖池分布情况按养殖面积的4%～8%配置养殖尾水处理设施面积。对于养殖场和尾水排放口靠近滨海水域的可在上述范围内适当提高尾水处理设施面积比例；对排口连接有生态沟渠，且沟渠面积与养殖面积比例大于4%的小规模养殖场，可同时充分利用生态沟渠增强尾水生物处理效果，则养殖场内尾水处理池设施面积比例可在上述范围内适当降低。

b. 排水井网隔。在原有高位池排水井设施中设置网隔装置，过滤收集虾壳、死虾、残饵等大颗粒污染物。收集物可用微生物进行发酵堆肥，用作当地耐盐植物或海边防风林的生物肥，或当地经济贝类围养区的生物肥料。

c. 沉淀与生物净化池。沉淀与生物净化池可用原有养殖池稍加改制而成，面积约占尾水处理系统总面积40%，池内可按4∶6的比例设置沉淀区和鱼类净化区。

在沉淀区用土工膜安设"N"形挡水设施，沿水流方向适当悬挂部分毛刷，加强悬浮物的吸附和沉淀，减缓水流流速，增加水体停留时间。当沉淀区底部的沉积物积累过多时可使用吸污泵进行吸出清理，收集物可用微生物进行发酵堆肥。

在鱼类净化区可适量放养海水罗非鱼、篮子鱼、鲻鱼等耐污型杂食性经济鱼类，不投喂鱼类饲料，用其摄食和清除尾水中的颗粒态有机物。

d. 贝藻净化池。面积约占尾水处理系统总面积的40%。根据尾水盐度状况在池内靠近入水区域处适量吊养处于生长期的经济贝类（牡蛎、贻贝等），贝类净化区面积占贝藻净化池面积的60%～70%，贝类吊养量为20～40千克/亩，具体可根据所需处理的尾水量及尾水富营养化程度酌情增减。

可利用原有养殖增氧设施进行水体增氧和形成一定的水流，每10～15天按10^3～10^4CFU/mL添加净水型芽孢杆菌和光合细菌，降解水体中的有机质，促进贝类净化区水体的浮游微藻生长，既可利用菌藻生物净化水中溶解态营养物质，还可为吊养贝类提供食物。

利用贝藻净化池约30%的面积设置植物净化区，以网笼吊养具有高温适应性的菊花心江蓠等易采收的大型经济藻类，江蓠吊养量约为10～30千克/亩，或以浮板栽种海马齿等耐盐水生植物。具体物种可根据各养殖场周边环境的耐盐水生植物常见优势种状况进行合理选择，栽植量则根据所需去除的无机氮磷含量酌情增减。

e. 理化调节池。面积约占尾水处理系统总面积的20%，运用物理、化学方法增加水体中的溶解氧，降低水体中的化学耗氧量。天气晴好时利用养殖场的水车式机械增氧机和罗茨鼓风机，增加水体溶解氧。在连续阴雨或低气压天气时，可适当使用漂白粉、强氯精、生石灰等常用化学氧化剂提高水体溶氧，同时配合机械增氧方式消除水体余氯，为水体的循环使用提供良好条件。待理化调节池水体达到养殖尾水排放标准要求后再行排放，或循环回用至养殖池。原则上提倡养殖用水循环使用。

2. 适用范围

适用于养殖水面面积100亩以下的分散型沿海高位池养殖模式。具体技术细节与参数可因地制宜进行优化与提升。

3. 示意图

海水高位池养殖尾水处理工艺示意图见图3-1。

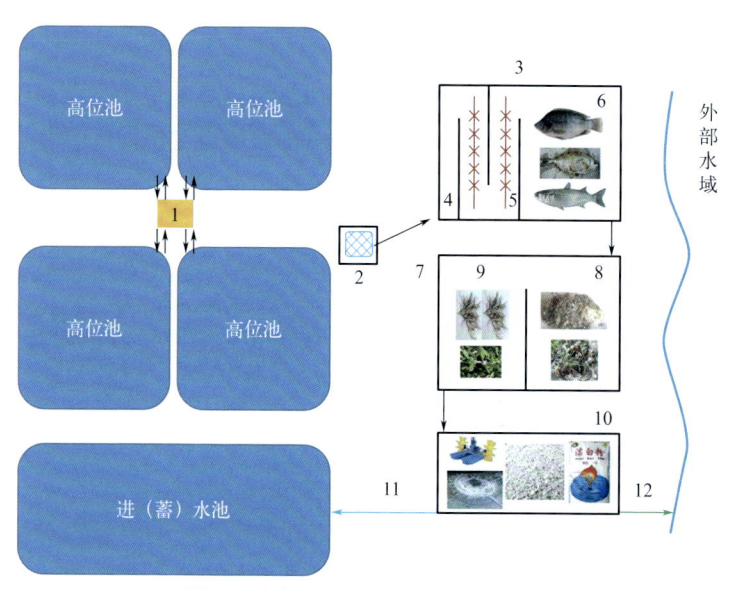

图3-1 海水高位池养殖尾水处理工艺示意图

1—微生物强化净水装置；2—排水井网隔；3—沉淀与生物净化池；4—沉淀区；5—生物毛刷；6—鱼类净化区；7—贝藻净化池；8—贝类净化区；9—植物净化区；10—理化调节池；11—净化尾水回用；12—净化尾水外排

（二）高位池或小棚养殖尾水的生态沟渠处理模式

1. 技术要点

（1）生产性尾水减源控量 养殖过程中根据池塘水质状况

每7～10天定期按10^3～10^4 CFU/mL使用净水型芽孢杆菌、光合细菌、有害蓝藻溶藻菌和海水硝化细菌等微生物菌剂，高效降解水中的有机质，去除氨氮、亚硝酸盐等有害水质因子，防控有害藻华，消除环境胁迫潜在风险，大幅压减养殖的换水需求，达到尾水控源减量。

（2）排水井网隔　在排水井设置网隔装置过滤收集虾壳、死虾、残饵等大颗粒污染物，可将之进行发酵堆肥，用作当地耐盐植物或海边防风林的生物肥，或当地经济贝类围养区的生物肥料。

（3）沉淀与生物净化池　沉淀与生物净化池可用原有养殖池稍加改制而成，可用按3∶7的面积比例设置沉淀区和鱼类净化区。沉淀区用土工膜安设"N"形挡水设施，沿水流方向适当悬挂部分毛刷，减缓水流流速，增加水体停留时间。在鱼类净化区可适量放养篮子鱼、鲻鱼、海水罗非鱼等耐污型杂食性经济鱼类，不投喂鱼类饲料，用其摄食和清除尾水中的颗粒态有机物。

（4）生态沟渠与生态坡

a．生态沟渠功能分区。大体可按4∶5∶1的面积比例在生态沟渠依次设定不同的生物功能区。

生态沟渠前段，靠近沉淀池的尾水排口一端设置鱼类净化区，放养适量的海水罗非鱼、鲻鱼、弹涂鱼等耐污型杂食性经济鱼类，用以摄食和清除尾水中的颗粒态有机物，例如40～60克/尾规格的海水罗非鱼放养量可为50～200千克/亩，具体放养量可根据生态沟渠的尾水收纳量和尾水富营养化程度适当增减。

生态沟渠中段，设置菌藻净化及经济贝类净化区，根据前段所放养鱼体大小以适宜规格的隔网相隔，在生态沟渠前、中段相接区域放置适量的水车式增氧机，增加水体溶解氧含量和促进水体流动。

选择可适应尾水盐度的当地常见底播贝类（蛤蜊等）或吊养贝类（牡蛎、贻贝等），宜放养中等规格的贝类。例如，壳高5～8厘米的贻贝吊养量为50～100千克/亩，具体放养量应与沟渠水环境的承载量相适应，避免过量放养而形成次生污染风险。在该区段中应该不定期施加芽孢杆菌和光合细菌并配合人工增氧，促进水体微藻生长，不仅可利用菌藻生物高效净化水质，还能为经济贝类提供稳定的食物来源。

　　根据不同地区常见大型海藻优势种群的分布特征，选择易采收的大型经济海藻进行吊养。例如，对于具有高温适应性的菊花心江蓠即可选用网笼进行吊养，江蓠吊养量为每立方米水体50～100千克，应避免选择不具有良好环境适应性且易腐烂凋落的大型海藻。

　　生态沟渠末段，可设置植物净化区，在该区段应该稍加提升沟渠底部高度，适当密植红树林植物或耐盐水生植物，以简易湿地的方式提升尾水净化效果。所选择植物种类应以当地常见的优势耐盐灌木类或草本类为宜，具体培植量根据不同植物的大小规格和预期生物量做适当增减。待监测末段净化尾水达到国家或地方相关排放标准的要求后可进行排放，鼓励将净化尾水重新引入养殖场进行循环使用。

　　b. 生态沟渠形态布局。对于配有生态沟渠的连片规模化高位池养殖区或小棚池塘养殖区，可加强泥底型或泥沙底型生态沟渠的尾水净化效果。生态沟渠一般宽5～20米，水深1.5～3米，沟渠前、中段的底部水平落差应相对加深，后段可略微抬高，在末端出口处需配置闸口；还可在前中段区域设置简易溢流坝或挡流设施以减缓初段尾水流速，提高沉淀效率。

　　生态沟渠形态可根据各养殖场周边实际地形状况进行优化设计，尽可能延长生态沟渠的长度和提升尾水容存量，从而确保养殖尾水在生态沟渠中的停留与净化时间。

生态沟渠边坡。沟渠边坡原生环境长有红树林或耐盐水生植物的可适当加以管理，用以减缓沟渠水体流速和吸收水环境中的营养物质，还可稳固沟渠边坡避免塌陷。对于没有生长植物的边坡，可选择插植部分当地常见的耐盐水生植物并使之稳定生长。

沟渠清淤。每年非养殖季时清理沟渠前、中段的沉积物，晾晒堆积熟化后可作为生物肥用于沟渠陆基植物生长、当地耐盐植物或海边防风林养护，以及用作当地贝类围养区的生物肥。

（5）理化调节池　在理化调节池中运用物理、化学方法增加水体中的溶解氧，适当使用漂白粉、强氯精、生石灰等常用化学氧化剂进行水体消毒，配合机械增氧消除水体余氯，处理好的水体循环回用至养殖池。经处理的尾水达到国家或地方养殖尾水排放标准要求后也可向外排放。原则上提倡养殖用水循环使用。

2. 适用范围

对尾水排放口不直接濒临滨海水域，生态沟渠面积与养殖面积比例大于8%的高位池或小棚池塘成片养殖区。

3. 示意图

高位池或小棚养殖尾水的生态沟渠处理工艺示意图见图3-2。

（三）高密度虾鱼异位串联养殖的尾水处理模式

1. 技术要点

（1）对虾养殖池　营造良好的对虾养殖水体环境，从源头压减养殖尾水的产生量。高密度对虾养殖过程中根据池塘水质和实时天气状况，每7～10天定期按10^3～10^4 CFU/mL选择使

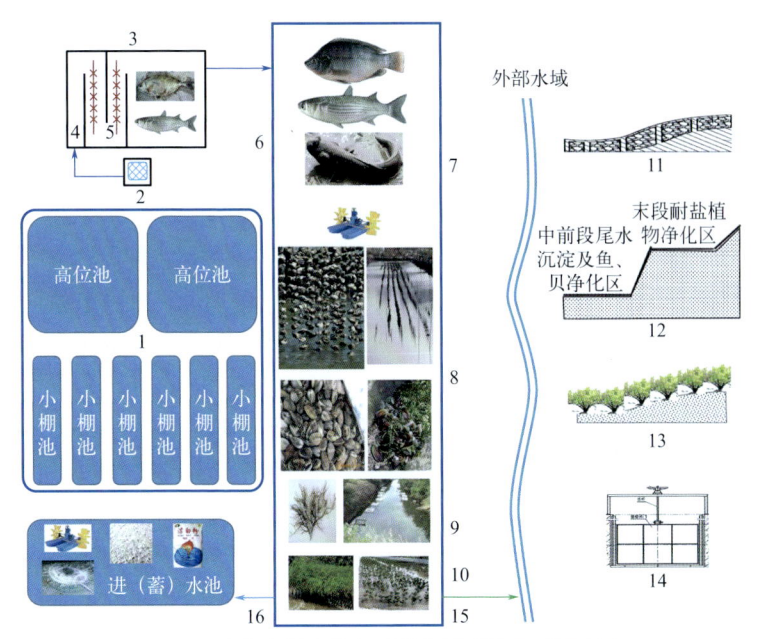

图3-2　高位池或小棚养殖尾水的生态沟渠处理工艺示意图

1—高位池或小棚养殖区；2—排水井网隔；3—沉淀与生物净化池；
4—沉淀区；5—生物毛刷；6—尾水净化生态沟渠；7—前段鱼类净化区；
8—中段经济贝类及菌藻净化区；9—中段大型海藻净化区；
10—末段耐盐水生植物净化区；11—前段溢流坝；
12—不同区段的底部高度落差示意；13—生态沟渠的生态坡示意；
14—生态沟渠末端闸口示意；15—净化尾水达标外排；16—净化尾水回用

用净水型芽孢杆菌、光合细菌和海水硝化细菌等微生物菌剂和水体碳氮营养平衡控制，实现全人工定向调控养殖水环境菌群硝化功能，稳定控制水体氨氮、亚硝酸盐氮等有害水质指标浓度，使用生石灰水等稳定水体总碱度与pH值，运用射流增氧机保持水体流动和强化增氧。

（2）循环水颗粒物收集装置　在对虾养殖区和鱼类养殖区之间设置循环水颗粒物收集装置，收集和调节多个对虾养殖池水体中的大颗粒营养物；颗粒物收集装置与异位鱼池进行串联,利用鱼类养殖池中的杂食性鱼类摄食水体颗粒营养物。循环水颗粒物收集装置的容积可按照对虾养殖水体总体积的1%～3%进行设置,实际应用时可因地制宜,根据所养殖鱼类的摄食效率和水循环量需求,对颗粒物收集装置容积参数进行合理调整。

(3) 异位串联鱼池　按对虾养殖水体总体积的20%～25%设置异位串联鱼池。养殖的鱼类品种应具有良好的环境适应性、快速生长性和具有一定的经济价值,以期在实现养殖水体净化的同时获得经济收益。

鱼池中可放养经过饥饿养殖驯化筛选的海水罗非鱼、篮子鱼、鲻鱼等杂食性经济鱼类,鱼体的初始个体均重8～15克/尾,放养密度30～50尾/米^3,养殖周期与对虾高密度养殖时长相接近,以便于鱼虾同时收获出售;鱼类养殖水体的盐度、pH、温度、溶解氧浓度等主要水质指标的状况与对虾养殖水体环境相适应。

在把循环水颗粒物沉淀装置中的颗粒营养物持续引入鱼类养殖池中时,根据鱼池中养殖鱼类的数量、大小规格和摄食状态,合理调节水泵开启时间、管道阀门大小、隔滤网目孔径大小等,控制鱼池中颗粒营养物的输入数量和粒径大小,以保证养殖鱼类的有效摄食,避免在鱼池中沉积;在天气晴好时,可在鱼类养殖池中接入海水螺旋藻,接种密度10^4个/毫升,既可用以吸收水体中的氮磷营养盐,还可利用螺旋藻的缠绕作用调节水体颗粒物的粒径大小。

利用串联养殖的鱼类摄食对虾高密度养殖水体中的悬浮颗粒物,替代鱼类养殖65%～70%的营养物质需求,达到虾鱼养殖互补、营养物质高效利用、病害生态防控的绿色高效养殖效果;处理的养殖水体可循环至对虾养殖池使用,或引入贝藻净化池进行经济贝类的养殖,实现养殖全程零换水。

(4) 贝藻净化池　在虾鱼高密度串联养殖过程中,可配置一定的贝藻净化池，其容积与鱼类串养池水体体积基本一致，根据尾水盐度状况因地制宜选择适养贝类品种。在池内靠近入水区域处适量吊养处于快速生长期的经济贝类（牡蛎、贻贝等），贝类吊养生物量为1～3千克/米^3，2～5天定期在净化池中添加10^4～10^5个/毫升的螺旋藻藻液，具体可根据所需处理的尾水量及尾水富营养化程度酌情增减。利用贝藻耦合作用，去除养殖尾水中氮、磷和小颗粒悬浮物。

（5）理化调节池　在理化调节池中运用物理、化学方法增加水体中的溶解氧，适当使用漂白粉、强氯精、生石灰等常用化学氧化剂进行水体消毒，配合机械增氧消除水体余氯，处理好的水体循环回用至养殖池，达到养殖尾水排放标准要求的也可向外排放。原则上提倡养殖用水循环使用。

2. 适用范围

适用于尾水排放口不直接濒临滨海水域，养殖水面100亩以下的集中规模化高位池、圆桶池养殖模式。具体技术细节与参数可因地制宜进行优化与提升。

3. 示意图

高密度虾鱼异位串联养殖的尾水处理工艺示意图见图3-3。

（四）对虾养殖尾水用于鱼贝种苗标粗净化的生态处理模式

1. 技术要点

（1）对虾养殖池　营造良好的对虾养殖水体环境，从源头压减养殖尾水的产生量。高密度对虾养殖过程中根据池塘水质和实时天气状况，每7～10天定期按10^3～10^4 CFU/mL选择使用净水型芽孢杆菌、光合细菌和海水硝化菌等微生物菌剂和水体碳氮营养平衡控制，实现全人工定向调控养殖水环境菌群

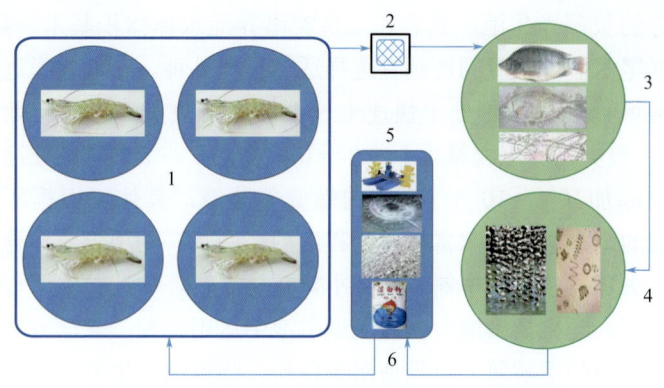

图3-3 高密度虾鱼异位串联养殖的尾水处理工艺示意图

1—对虾养殖池；2—循环水颗粒物收集装置；3—鱼类养殖池；
4—贝藻净化池；5—理化调节池；6—净化尾水回用

硝化功能，稳定控制水体氨氮、亚硝酸盐氮等有害水质指标浓度；使用生石灰水等稳定水体总碱度与pH值，运用增氧机保持水体流动和强化增氧。

（2）循环水颗粒物收集装置　设置循环水颗粒物收集装置过滤收集虾壳、死虾、残饵等大颗粒污染物，可将其进行发酵堆肥，用作当地耐盐植物或海边防风林的生物肥，或当地经济贝类围养区的生物肥料，或与芽孢杆菌、光合细菌等益生菌菌剂协同使用，培养饵料生物，供给海水鱼类、贝类种苗的标粗生产。经过滤的养殖尾水也可直接引入鱼苗或贝苗标粗养殖池，为其水环境提供丰富的营养，促进水体中浮游微藻、浮游动物等饵料生物的快速增长。

（3）饵料生物池　以鱼苗或贝苗标粗养殖池容积的3%～8%设置饵料生物池，池子分为浮游微藻培养池和浮游动物培养池，具体可根据不同种类鱼苗或贝苗对饵料生物的选择性，以及不同生长阶段对饵料生物的摄食速率，合理确定和调整浮游微藻和浮游动物种类、微藻培养池和浮游动物培养池的数量配比，并在微藻培养池和浮游动物培养池之间设置联通控制装置。按照饵料生物培养技术要求，完善充气、光线控制、水动力等必要设施，以便于饵料生物的持续稳定培养，一般培养的微藻细胞密度达到 $10^4 \sim 10^7$ 个/毫升，浮游动物密度 $50 \sim 400$ 个/毫升。

培养饵料生物时，将过滤收集处理的颗粒营养物和过滤后的养殖尾水持续引入饵料生物池，培育小球藻、扁藻等浮游微藻和卤虫、轮虫、枝角类等浮游动物，为鱼、贝苗标粗培育提供充足的浮游生物饵料，微藻培养池的藻细胞也可为浮游动物的培养提供饵料。根据鱼苗或贝苗的摄食状态、饵料生物池中的浮游生物密度及增殖速率，合理控制饵料生物池的进排水容积，通过连续性的培养与投喂方式使池内的饵料生物稳定维持在指数生长期，既可保证饵料生物的营养价值还可促进其对养殖尾水营养物质的循环利用效率，以每 $2 \sim 3$ 天完成一次饵料生物池水体更新为宜。

（4）鱼苗标粗养殖池　设置鱼苗标粗养殖池用于海水罗非鱼、鲷鱼、篮子鱼、鲈鱼等鱼苗标粗培育。具体的鱼苗种类选择，需根据主养经济动物养殖池水体环境的盐度、水温、pH等主要水质指标变动范围确定；标粗鱼苗的放养密度则根据不同的鱼苗种类和标粗池硬件设施条件合理安排。例如，海水罗非鱼标粗的初始体长规格一般为 $1.5 \sim 2.5$ 厘米，鱼苗放养密度 $200 \sim 500$ 尾/米^3，标粗时间 $20 \sim 30$ 天，标粗过程中连续引入过滤后的养殖尾水、饵料生物池所培育的浮游动植物生物饵料，当鱼苗体长生长至 $6 \sim 8$ 厘米后可作为大规格种苗进行出售；鲷鱼鱼苗标粗的初始规格一般为 $1 \sim 4$ 厘米，放养密度 $500 \sim 1200$ 尾/米^3；鲈鱼标粗培育的鱼苗一般体长规格为 $2 \sim 3$ 厘米，放养密度一般为 $300 \sim 800$ 尾/米^3。一般鱼苗标粗培育至体长达到 $6 \sim 8$ 厘米后，大规格鱼种即可转移至网箱、鱼排或池塘进行商品鱼养殖。

（5）贝苗标粗养殖池　以海水养殖池塘面积的5%～10%设置贝苗标粗养殖池进行菲律宾蛤仔、青蛤等贝苗的标粗。具体的贝苗种类选择，需根据主养经济动物养殖池水体环境的盐度、水温、pH等主要水质指标变动范围，贝苗标粗池的底质环境等条件进行确定，标粗贝苗的放养密度则根据不同的贝苗种类生长特性、饵料生物培养的供给效率、标粗池硬件设施条件等合理安排。

一般播养贝类幼苗的初始规格为壳长1～2厘米，播苗密度以5000～8000粒/米^{2}为宜，标粗过程中连续引入过滤后的养殖尾水、饵料生物池所培育的浮游微藻，根据贝苗的摄食状态、饵料生物池中的浮游生物密度及增殖速率，合理控制饵料生物进入贝苗标粗池的数量。贝苗标粗池中的水体以每1～2天完成一次更新为宜，水体中的浮游颗粒物浓度和微藻密度不宜过高，保证贝苗的摄食利用效率和健康生长。

（6）理化调节池　在理化调节池中运用物理、化学方法增加水体中的溶解氧，适当使用漂白粉、强氯精、生石灰等常用化学氧化剂进行水体消毒，配合机械增氧消除水体余氯，处理好的水体循环回用至养殖池，达到养殖尾水排放标准要求的也可向外排放。原则上提倡养殖用水循环使用。

2. 适用范围

适用于直接濒临滨海或河口的水域，养殖水面200亩以上的集约化连片养殖模式。具体技术细节与参数可因地制宜进行优化与提升。

3. 示意图

对虾养殖尾水用于鱼贝种苗标粗净化的生态处理的工艺示意图见图3-4。

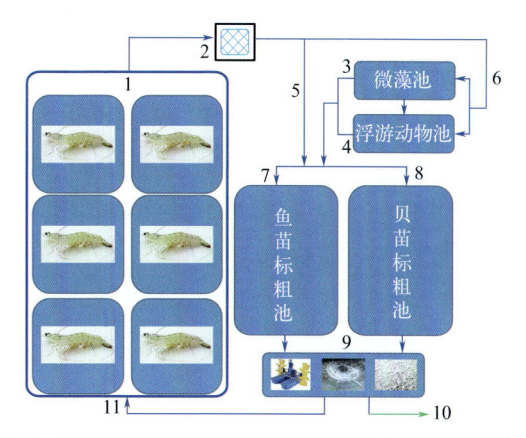

图3-4 对虾养殖尾水用于鱼贝种苗标粗净化的生态处理的工艺示意图

1—对虾养殖池；2—循环水颗粒物收集装置；3—微藻池；4—浮游动物池；5—鱼贝种苗标粗池的过滤尾水引流管；6—饵料生物池的过滤尾水引流管；7—鱼类粗养池；8—贝苗标粗池；9—理化调节池；10—净化尾水达标外排；11—净化尾水回用

（五）小型温棚养殖尾水生态化处理模式

1. 技术要点

在南美白对虾小型温棚养殖区，选择地势由高到低，依次建造生态沟渠、溢流坝、一级生态净化池、潜流坝、二级生态净化池、三级生态净化池、回用通道、排放口等设施。根据实施情况可对潜流坝和位置进行调整。

生态沟渠：沟渠上边缘宽度不小于3米，深度不小于1.5米，坡比1：（1～1.5），可利用养殖区内原有排水沟渠改造而成。沟渠坡岸宜种植芦苇等水生植物。

溢流坝：厚度1.5～3米，高度1.5～2米，两侧墙体用空心砖建造，空心砖孔方向与水流方向一致；填充滤料可选择陶粒、鹅卵石、火山石、碎石等填充物介质，滤料用金属网袋或塑料筐包装。坝前应设细网材质挡网。在坝体填充介质上，可结合景观效果种植部分植物。

一级生态净化池：池深2.0～5.0米，池中投放滤食性水生动物，盐度低于5‰投放鳙、鲢，盐度高于5‰投放鲻、梭鱼，投放量不少于300千克/亩，每10亩配备增氧机不低于4千瓦；盐度大于12‰，可吊养牡蛎或投放文蛤、缢蛏、杂色蛤、美洲帘蛤等底栖贝类，投放量不少于300千克/亩。

二级生态净化池：池深2.0～4.0米，池中投放滤食性水生动物，物种与一级生态净化池相同，投放量为一级生态净化池投放量的50%。根据水体盐度不同，池内种植适宜的水生植物，种植面积以覆盖水面1/2为宜。

三级生态净化池：池深1.5～4.0米，池内根据盐度不同，种植适宜的水生植物，种植物面积以覆盖水面2/3为宜。

排放口：生态净化池末端设置排放口，以节制闸方式排水。排放口设立永久性采样口和现场测试平台；有条件的可安装自动视频监控系统。在排放口附近醒目处设置排放口标志牌。

回用通道：排放口前端设置专门通道，以管道或渠道形式连通养殖区域蓄水池。

2. 适用范围

适用于南美白对虾小型温棚养殖模式。

3. 示意图

南美白对虾小型温棚养殖尾水生态化处理流程示意图见图3-5。

二、海水普通池塘养殖尾水处理模式

1. 技术要点

利用生物净化为主，物理化学净化为辅的方法，采用"三池三槽"生态处理工艺，形成生态多元化，结构合理，食物链丰富完整的工艺，提高污染物的去除有效率；并在传统技

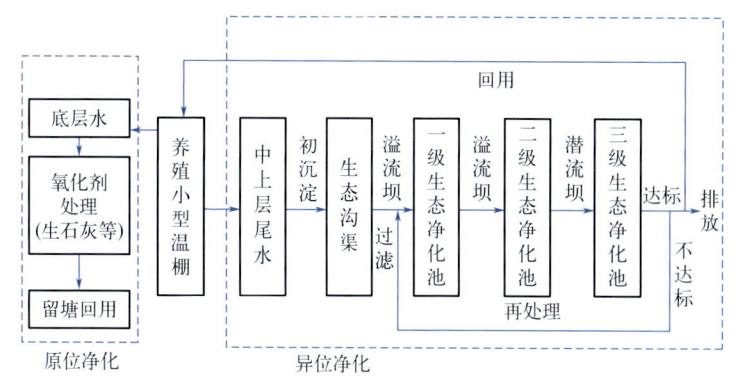

图3-5 南美白对虾小型温棚养殖尾水生态化处理流程示意图

术基础上进行改良、创新,使养殖尾水通过综合治理得到有效净化,最终实现循环利用或达标排放。

"三池三槽"处理设施中的"三池",即初沉池、复合生物池、多级生态滤池;"三槽"即生态排水槽、一级过滤槽和二级过滤槽等。

初沉池:在沉淀池内设置"之"字形挡水设施,延长水停留时间。沉淀池大小比例占治理设施总面积的40%,池中增加网片过滤加速沉淀,在池里养殖鲻鱼等滤(杂)性鱼类,摄食养殖池排放出来的残饵、虾粪等。初沉池尽量挖深,水深不低于2.5米。

复合生物池:安装毛刷,培养大量微生物吸附水中多余硫化物和氨氮,净化水质。主要利用不同营养层次的水生生物最大程度去除水体污染物。池内种植沉水、挺水、浮叶等各类水生植物,以吸收净化水体中的氮、磷等营养盐。

多级生态滤池:生态滤池是在传统生物滤池的基础上引入大型水生植物,利用大型水生植物和传统生物滤池的双重净化作用达到良好的水质净化效果。利用滤料过滤作用、滤料表面生物膜新陈代谢作用以及大型水生植物的同化、泌氧等作用实现污染物的高效去除。在滤池中填充大小不一的滤料,滤料可选择蚝壳、碎石、鹅卵石、小石子、棕片、陶瓷珠等填充物介质,能起到吸附污水中的泥浆等作用。

生态排水槽:用于延长水流时间,提升固体悬浮物沉淀效果。可新建或利用现有排水沟渠,用于输送尾水,沟渠中布设人工生物填料或种植水生植物,排水槽可投放沙蚕、缢蛏等。渠内可设置溢流、跌水等设施延长排水流程。

过滤槽:用空心砖或钢架结构搭建过滤坝外部墙体,在坝体中填充大小不一的滤料,滤料可选择牡蛎壳、陶粒、火山石、细沙、碎石、棕片和活性炭等,坝宽不小于2米;坝长不小于6米,并以200亩养殖面积为起点,原则上每增加100亩养殖面积,坝长加1米。

2. 适用范围

适用于海水普通池塘养殖模式。

3. 示意图

海水普通池塘养殖尾水处理工艺示意图见图3-6。

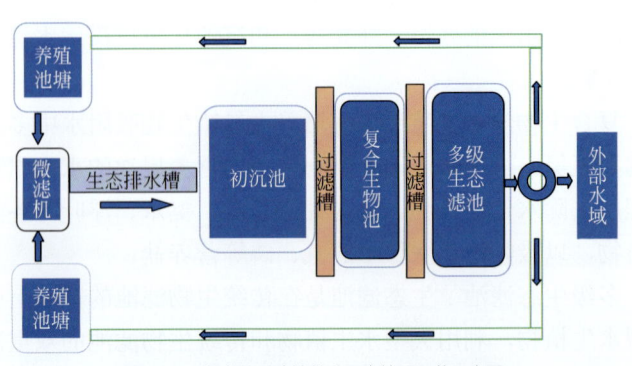

图3-6 海水普通池塘养殖尾水处理工艺示意图

三、淡水分散型池塘养殖尾水处理模式

1. 技术要点

利用生物生态的方法，采用"一池一渠"的简易工艺流程，对养殖尾水进行处理实现循环利用。

生态沟渠：用于延长水流时间，提升固体悬浮物沉淀效果。利用养殖区域内原有排水渠或周边河沟通过加宽和挖深等方式进行改造而成，宽度不小于3米，深度不小于1.5米，沟渠坡岸原则上不硬化，坡岸种植绿化植物，沟渠中布设人工生物填料或浮床，种植水生植物，对养殖尾水进行初步处理。

生态净化池：池中配置微孔曝气系统、水车曝气系统、叶轮曝气系统和喷泉式曝气系统中的几种进行组合。通过曝气增加水体中的溶解氧，加速水体中有机质的分解，实现养殖水体的高效循环利用。同时利用不同营养层次的水生生物最大程度去除水体污染物。池内可种植沉水、挺水、浮叶等各类水生植物，以吸收净化水体中的氮、磷等营养盐（覆盖面积不小于生态净化池40%）；合理放养鲢、鳙、贝类等滤食性水生动物。一般生态净化池底部种植沉水植物（苦草、轮叶黑藻、伊乐藻等）、浮叶植物（如睡莲），四周岸边种植挺水植物（茭白、美人蕉、鸢尾等），合理选择植物种类，分类搭配，保证四季均有植物生长。严禁栽种水浮莲等入侵植物。

2. 适用范围

适用于50亩以下的分散型淡水池塘养殖模式。

3. 示意图

淡水分散型池塘养殖尾水处理工艺示意图见图3-7。

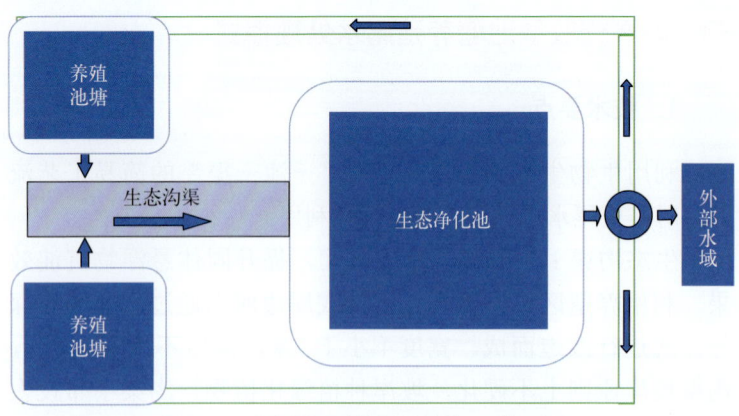

图3-7　淡水分散型池塘养殖尾水处理工艺示意图

四、工厂化养殖尾水处理模式

1. 技术要点

该工艺主要通过生物调控、物理调控、化学调控等方式进行循环水分流处理。

微滤机：预处理采用微滤机过滤方式。微滤机是养殖中常用的物理过滤设备，它是采用100～200目的微孔筛网固定在转鼓式过滤设备上，通过截留海水养殖水体中的藻类、水蚤等浮游生物和虾壳、死虾、粪便、残饵等其他固体颗粒，实现固液分离的净化装置。位于养殖池中层的主体水（含有较小、较少的悬浮颗粒）被粗滤，去除水体中大颗粒有机物。

蛋白分离器：水体经过蛋白分离器，对水体中的部分可溶有机物以及超细有机物颗粒产生气浮和聚集作用，形成污物泡沫排出系统，蛋白分离器同时对水体进行消毒、脱色处理并对氨态氮氧化产生硝态氮。

生物滤池：由复合微生物、藻类、贝类组成，可进一步去除水体中悬浮颗粒有机物、有机物和营养盐。用臭氧处理、紫外线消毒处理，经过处理后的海水进入养殖池塘循环利用。

2. 适用范围

适用于海水工厂化养殖。

3. 示意图

工厂化养殖尾水处理工艺示意图见图3-8。

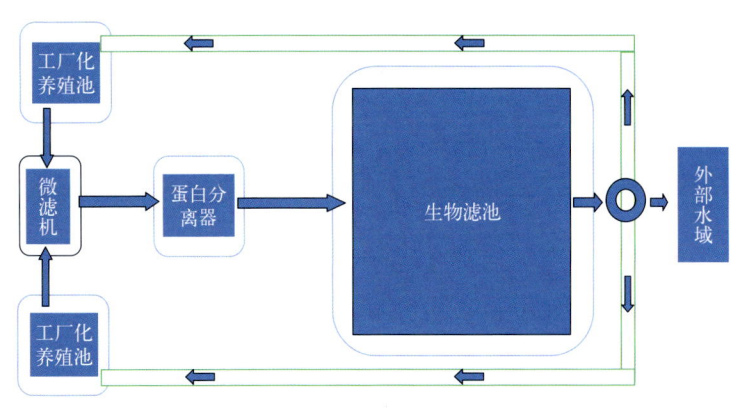

图3-8 工厂化养殖尾水处理工艺示意图

第三节　养殖尾水排放标准

2007年农业部发布了《淡水池塘养殖水排放要求》（SC/T 9101—2007）和《海水养殖水排放要求》（SC/T 9103—2007）。上述两个标准分别规定了淡水池塘养殖水排放的废水排放分级与水域划分、要求、测定方法、结果判定、标准实施与监督和海水养殖水排放的养殖排放水分级与排放水域规定、要求、测定方法、结果判定、标准实施与监督。其中，规定了淡水养殖废水排放标准值（表3-1）和海水养殖废水排放标准值（表3-2）。

表3-1 淡水养殖废水排放标准值

序号	项目	一级标准	二级标准
1	悬浮物质/（mg/L）	≤50	≤100
2	pH	6.0～9.0	
3	化学需氧量（COD_{Mn}）/（mg/L）	≤15	≤25
4	生化需氧量（BOD_5）/（mg/L）	≤10	≤15
5	锌/（mg/L）	≤0.5	≤1.0
6	铜/（mg/L）	≤0.1	≤0.2
7	总磷/（mg/L）	≤0.5	≤1.0
8	总氮/（mg/L）	≤3.0	≤5.0
9	硫化物/（mg/L）	≤0.2	≤0.5
10	总余氯/（mg/L）	≤0.1	≤0.2

表3-2 海水养殖废水排放标准值

序号	项目	一级标准	二级标准
1	悬浮物质/（mg/L）	≤40	≤100
2	pH	7.0～8.5，同时不超出该水域正常变动范围的0.5单位	6.5～9.0
3	化学需氧量（COD_{Mn}）/（mg/L）	≤10	≤20

续表

序号	项目	一级标准	二级标准
4	生化需氧量（BOD_5）/（mg/L）	≤6	≤10
5	锌/（mg/L）	≤0.20	≤0.50
6	铜/（mg/L）	≤0.10	≤0.20
7	无机氮（以N计）/（mg/L）	≤0.50	≤1.00
8	活性磷酸盐（以P计）/（mg/L）	≤0.05	≤0.10
9	硫化物（以S计）/（mg/L）	≤0.20	≤0.80
10	总余氯/（mg/L）	≤0.10	≤0.20

但随着十几年的发展，该标准已无法完全满足现有水产养殖发展需求。近年来，部分省份根据各地的情况，制定了相应的地方标准。

2020年，湖南省颁布了《水产养殖尾水污染物排放标准》（DB43/1752—2020），规定了湖南省淡水养殖尾水的控制要求、检测方法、结果判定和实施与监督。该标准适用于湖南省池塘养殖、工厂化养殖等非天然水域投饵投肥养殖尾水的排放管理。在湖南省的《水产养殖尾水污染物排放标准》（DB43/1752—2020）中对悬浮物、pH、高锰酸钾指数、总磷、总氮五个指标的排放限值进行了规定，具体如表3-3所示。

表3-3 水产养殖尾水污染物排放限值

序号	项目	一级标准	二级标准
1	悬浮物/（mg/L）	≤45	≤90
2	pH	6～9	

续表

序号	项目	一级标准	二级标准
3	高锰酸盐指数/(mg/L)	≤15	≤25
4	总磷/(mg/L)	≤0.4	≤0.8
5	总氮/(mg/L)	≤2.5	≤5.0

2021年，江苏省生态环境厅和江苏省市场监督管理局发布了江苏省地方标准《池塘养殖尾水排放标准》(DB32/4043—2021)。该标准规定了池塘养殖尾水排放的分级分类、排放限值与要求、监测方法、结果判定、实施与监督，适用于养殖水面100亩以上连片池塘、单个养殖主体水面大于50亩的池塘以及工厂化等其他封闭式养殖水体水产养殖尾水的排放。其淡水受纳水域养殖尾水排放限值、海水受纳水域养殖尾水排放限值和特别排放限值分别如表3-4～表3-6所示。

表3-4　淡水受纳水域养殖尾水排放限值

序号	项目	一级	二级
1	悬浮物/(mg/L)	≤40	≤85
2	pH	6～9	
3	总氮（以N计）/(mg/L)	≤3.0	≤6.0
4	总磷（以P计）/(mg/L)	≤0.4	≤0.8
5	高锰酸盐指数/(mg/L)	≤15	≤25

表3-5　海水受纳水域养殖尾水排放限值

序号	项目	一级	二级
1	悬浮物/（mg/L）	≤40	≤100
2	pH	7.0～8.5，同时不超过该水域正常变动范围的0.5单位	6.5～9.0
3	总氮（以N计）/（mg/L）	≤3.0	≤5.0
4	总磷（以P计）/（mg/L）	≤0.5	≤1.0
5	化学需氧量/（mg/L）	≤10	≤20

表3-6　特别排放限值

序号	项目	一级	二级
1	悬浮物/（mg/L）	≤40	≤80
2	pH	6～9	
3	总氮（以N计）/（mg/L）	≤2.0	≤3.0
4	总磷（以P计）/（mg/L）	≤0.3	≤0.4
5	高锰酸盐指数/（mg/L）	≤8	≤12

2023年，海南省市场监督管理局、海南省生态环境厅联合发布海南省强制性地方标准《水产养殖尾水排放标准》（DB46/475—2023），该标准规定了池塘和工厂化等封闭式水产养殖尾水的术语和定义、排放分级与水域分类、排放限值、排放要求、监测方法、一般规定、结果判定、实施与监督。适用于海南省行政区域内工厂化养殖和池塘养殖的尾水排放管理，于2023年3月1日正式实施。其淡水受纳水域养殖尾水排放

限值、海水受纳水域养殖尾水排放限值分别如表3-7、表3-8所示。

表3-7 淡水受纳水域养殖尾水排放限值

序号	项目	一级限值	二级限值
1	悬浮物/（mg/L）	≤45	≤90
2	pH	6.0～9.0	
3	高锰酸盐指数/（mg/L）	≤10	≤20
4	总氮（以N计）/（mg/L）	≤3.0	≤5.0
5	总磷（以P计）/（mg/L）	≤0.4	≤0.8

表3-8 海水受纳水域养殖尾水排放限值

序号	项目	一级限值	二级限值
1	悬浮物/（mg/L）	≤50	≤90
2	pH	7.0～8.5，同时不超出受纳水域正常变动范围的0.5 pH单位	6.5～9.0
3	化学需氧量（COD_{Mn}）/（mg/L）	≤10	≤20
4	总氮（以N计）/（mg/L）	≤3.5	≤7.0
5	总磷（以P计）/（mg/L）	≤0.50	≤1.0

2024年5月1日，广东省强制性地方标准《水产养殖尾水排放标准》（DB44/2462—2024）颁布实施。该标准规定了水产养殖尾水的排放控制、监测和监督管理要求。该标准适用于水产养殖单位的养殖水面30亩及以上的池塘养殖，以及工厂

化养殖等封闭水产养殖的尾水排放管理。水产养殖单位的养殖水面小于30亩的池塘养殖，尾水排放管理参照该标准执行。其淡水养殖尾水排放限值和海水养殖尾水排放限值分别如表3-9、表3-10所示。

表3-9 淡水养殖尾水排放限值

序号	项目	一级	二级
1	悬浮物／(mg/L)	≤45	≤90
2	pH	6.0～9.0	
3	化学需氧量（COD_{Mn}）／(mg/L)	≤15	≤25
4	总氮（以N计）／(mg/L)	≤3.0	≤5.0
5	总磷（以P计）／(mg/L)	≤0.4	≤1.0

表3-10 海水养殖尾水排放限值

序号	项目	一级	二级
1	悬浮物／(mg/L)	≤40	≤90
2	pH	6.5～9.0	
3	化学需氧量（COD_{Mn}）／(mg/L)	≤10	≤20
4	总氮（以N计）／(mg/L)	≤3.5	≤7.0
5	总磷（以P计）／(mg/L)	≤0.5	≤1.5

第四章

南美白对虾养殖病害综合防控技术

目前南美白对虾养殖生产中常见的病害主要有以下几大类，一是病毒性疾病，如白斑综合征、桃拉综合征、传染性皮下及造血组织坏死综合征、十足目虹彩病毒病、野田村病毒性偷死病等；二是细菌性疾病，如急性肝胰腺坏死病、红腿病、细菌性红体病、鳃部细菌性感染、烂眼病、甲壳溃疡病、烂尾病、肠炎病等；三是由其他生物诱发的疾病，如真菌性疾病、寄生虫性疾病、有害藻诱发的疾病；四是由水体环境诱发的病害或应激反应，如对虾肌肉坏死病、对虾痉挛病、应激性红体、缺氧或偷死、对虾蜕壳综合征等；五是多种因素共同作用而引发的疾病，如近几年来发生的对虾早期死亡综合征、偷死综合征、肝胰腺坏死综合征和滞长综合征等。

与对虾病害发生密切相关的主要因素包括病原、养殖环境和虾体自身的抗病机能。诱发对虾病害的常见病原主要有病毒、微生物、寄生虫及其他有害生物。再者，养殖环境的恶化、突然性的剧烈变化或相关环境因子超过养殖对虾的耐受阈值均容易诱发病害，一般影响对虾的主要环境因子包括水体的温度、盐度、pH及水中氨氮、亚硝酸盐等有毒有害因子等。虾体抗病力主要与对虾的健康水平、体内抗病因子的活性等有关，虾只体质好，抗病力强，则有利于提高其对病原侵染的抵抗能力和增强对环境变化的适应力。

所以，针对生产中容易诱发对虾病害的相关因子，提出科学的技术措施，才能有效防控病害的发生，保证养殖生产的顺利开展，取得良好生产效益。本章将对南美白对虾养殖生产过程中的一些常见病害及防控措施进行介绍。综合国内专家的研究结果，对近年来严重影响养殖对虾生产的十足目虹彩病毒、虾肝肠胞虫等新病原引发的病害，也进行了梳理介绍。

第一节　常见细菌性疾病及防控措施

对虾养殖生产过程中细菌性疾病较为常见。细菌从形态特征上可分为球菌、杆菌和螺旋菌三大类，根据革兰氏染色的特性可分为革兰氏阴性菌和革兰氏阳性菌两大类。南美白对虾养殖环境中的弧菌、气单胞菌等大多数机会致病菌多属于革兰氏阴性菌，芽孢杆菌等有益菌多属于革兰氏阳性菌。通常，随着养殖水体富营养化水平的升高，养殖环境恶化，弧菌等有害菌和致病菌数量往往会大幅度升高，通过鳃呼吸、摄食、创伤等途径入侵对虾体内并引发细菌性疾病，或对携带病毒和体质较弱的对虾引起继发感染。

一、养殖对虾细菌性疾病的主要种类及病症

1. 急性肝胰腺坏死病

病原为携带 Pir 毒力基因的副溶血弧菌、哈维氏弧菌、坎氏弧菌、欧文氏弧菌等致病菌。宿主包括南美白对虾、斑节对虾、中国对虾、卤虫等。患病对虾的主要症状为体弱、肝

胰腺颜色变浅到接近透明、萎缩，解剖后呈软烂状（图4-1），摄食量大幅减少甚至停止摄食，空肠空胃或肠道内食物不连续，有些池水中可能会出现白便。其死亡率高达80%～100%，多数沉于池底，也有少数跳出水面后沉底死亡。对虾放苗后10～30天为发病高峰，池底污染、投喂过量等会增加发病风险，在盐度低于5‰时，发病率降低。

图4-1 发病对虾与正常对虾

2. 红腿病或细菌性红体病

病原主要为副溶血弧菌、溶藻弧菌和鳗弧菌等致病菌。患病对虾附肢变红，尾扇、游泳足和第二触角均变为红色（图4-2），甚至虾体全身变红（图4-3）；头胸甲的鳃区呈黄色；多数病虾会出现断须现象，常在池边缓慢游动，摄食量大幅度降低。

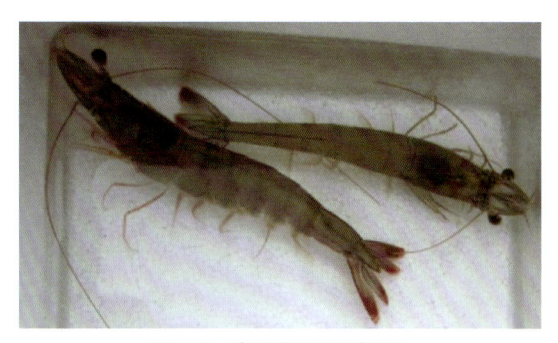

图4-2 对虾细菌性红腿病个体

图4-3 对虾细菌性红体病个体

3. 烂鳃/黑鳃/灰鳃病

病原主要为细菌、寄生虫或丝状藻类。患病对虾鳃部被病原感染，显微镜下可见鳃丝处有大量细菌（图4-4）或寄生虫（如聚缩虫等纤毛虫类）（图4-5），及丝状藻类等异物（图4-6），引起鳃丝肿胀（图4-7）、变脆，呈灰色或黑色，甚至从鳃丝尾端基部开始溃烂。严重时整个鳃部变为黑色，大面积糜烂和坏死，完全失去正常组织的弹性，坏死部位组织发生明显的皱缩或脱落。病虾多浮于水面，游动缓慢，反应迟钝，摄食量大幅减少，甚至死亡，尤其水体溶解氧含量较低时患病对虾死亡情况更为严重。一般在水环境恶化时该病较为多见，在水质良好的养殖水体中该病症较少出现。

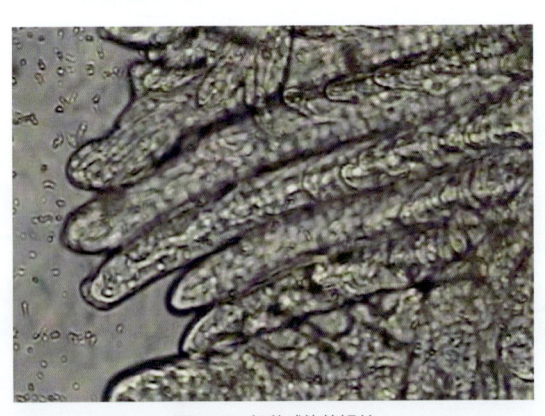

图4-4 细菌感染的鳃丝

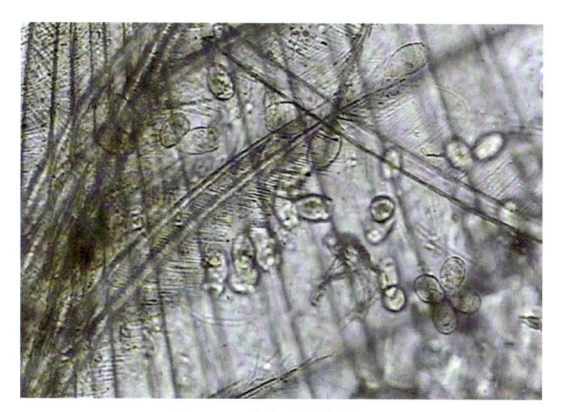

图4-5 寄生虫感染的鳃丝

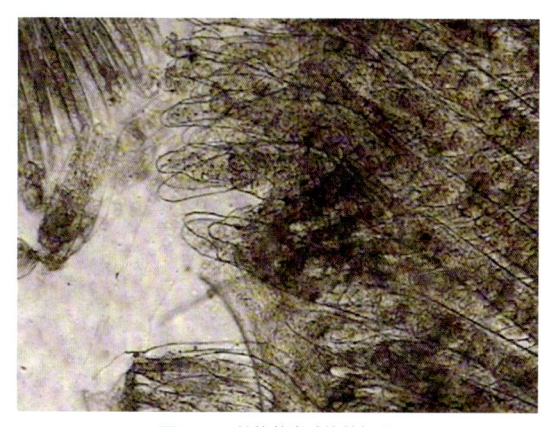

图4-6 丝状藻类感染的鳃丝

4. 烂眼病

烂眼病的病原主要为弧菌。患病对虾眼球肿胀，变为褐色，严重时甚至溃烂脱落仅剩下眼柄，病虾漂浮于水面翻滚，行动迟缓。

5. 褐斑病（甲壳溃疡病）

该病的病原主要为弧菌属、气单胞菌属、螺旋菌属和黄杆菌属的细菌。患病对虾体表和附肢上有黑褐色或黑色斑点状溃疡，斑点的边缘较浅，中间颜色深，溃疡边缘呈白色，溃疡的中央凹陷，严重时斑点不断扩大，使得甲壳下的组织受到侵蚀，在病情未得到有效控制时发生陆续死亡。

图4-7　患病对虾鳃部肿胀变灰

6. 烂尾病

烂尾病主要由几丁质分解细菌及其他细菌继发感染。养殖对虾体表形成创伤，当养殖水体环境恶化时即容易受几丁质分解细菌及其他细菌的继发感染，使尾部出现黑斑及红肿溃烂，尾扇破、断裂。有些症状与褐斑病相似。

7. 肠炎病

病原主要为嗜水气单胞菌和其他致病弧菌。患病对虾摄食大幅减少甚至不进食，消化道空、无食物，胃部呈血红色或肠道呈红色，中肠变红且肿胀，直肠部分外观浑浊，界限不清。病虾游动迟缓，体质较弱，如果未及时治疗处理容易继发其他病害，导致养殖对虾大量死亡。

8. 白便综合征

中山大学何建国团队研究认为白便综合征是由宿主肠道微生物群失调引起的。发病初期，患病对虾粪便变得细长，伴随少量白便，其肠道不饱满，出现断肠、空肠现象，但因对虾摄食正常，初期不易发现。随着病情的加重，肝胰脏萎缩、变小，外观模糊，部分病虾出现红须、红腿、肠道肿胀变粗等症状，水面漂浮的白便也逐渐增多。发病中后期，会有大量的白便聚集，漂浮于水面，散发恶臭，患病对虾明显减料或不吃料，且伴随游塘及偷死。

二、细菌性疾病的主要防控措施

由于养殖对虾细菌性疾病的主要病原是致病细菌，因此养殖过程中一方面应注意对养殖水体及环境的消毒，对病原细菌进行杀灭处理，另一方面可合理使用芽孢杆菌等有益菌净化水质，抑制病原细菌的生长。具体可参照如下措施防治该类病害。

（1）在虾苗放养前对养殖池塘进行彻底清洗、暴晒和消毒，水源进入池塘后合理使用安全高效的消毒剂对水体进行彻底的消毒，杀灭潜藏于养殖环境中的病原细菌。

（2）养殖全程定期使用芽孢杆菌制剂，同时配合使用光合细菌和乳酸菌，降解养殖代谢产物，净化水质，维持良好的微藻藻相和菌相，营造良好养殖环境，促使有益菌成为优势菌群，抑制弧菌等机会致病菌的生长，消除病原大量繁殖的温床，减少对虾的感染概率。

（3）养殖前期实行封闭式管理，中后期实行有限量水交换的半封闭式管理。最好配备一定数量的蓄水消毒池，养殖过程中新鲜水源经过消毒净化后再引入池塘，减少外源污染和病害交叉感染。

（4）在对虾发病的高危季节，合理使用二氧化氯、二溴海因等安全高效的消毒剂，有效防控养殖环境中病原细菌的大量生长与繁殖；同时，可在对虾饲料中合理添加芽孢杆菌、乳酸菌等有益菌，或间隔拌料投喂大蒜及中草药制剂，每天2次，连用3～5天，每两周重复一次。一方面调节养殖对虾体内肠道的菌群结构，促进有益菌形成优势，抑制病原细菌的生长；另一方面提升养殖对虾的健康水平，增强体质，提高抗病机能。

第二节 常见病毒性疾病及防控措施

病毒是一类超显微的非细胞生物，无细胞结构，由核酸（RNA或DNA）和蛋白质构成，只能在活细胞内营专性寄生，靠宿主代谢系统的协助来复制核酸、合成蛋白质等组分，然后再进行装配而得以增殖，在受病毒感染的宿主细胞中往往形成包涵体，包涵体在显微镜下能看到，可以作为诊断病毒的一种简单依据。目前常见的南美白对虾病毒性疾病的病原主要包括白斑综合征病毒（WSSV）、桃拉综合征病毒（TSV）、传染性皮下组织及造血组织坏死病毒（IHHNV）、十足目虹彩病毒1（DIV1）等。其中白斑综合征、桃拉综合征和传染性皮下及造血组织坏死综合征已列入国家一、二类动物疫病名录。由十足目虹彩病毒引起的新病害成为近年来影响我国南美白对虾养殖的重要病害之一。

一、养殖对虾病毒性疾病的主要种类及病症

1. 白斑综合征病毒病

20世纪90年代初，对虾白斑综合征病毒病在亚洲暴发，世界其他对虾养殖地区也有发生，十几年来给全球的对虾养殖

业造成了巨大的经济损失。据统计，每年因对虾白斑综合征病毒病致使全球养殖对虾产量大幅削减近50%。1993年以来，对虾白斑综合征病毒病在我国沿海养殖区流行甚广，几乎在对虾养殖区普遍发生，危害性极大，给对虾养殖造成严重打击。从全国各地的对虾养殖病害的发生和发展的情况看，以往在淡水甚至半咸水中很少发现的对虾白斑综合征病毒病也越来越多见，造成的损失越来越大。该病在我国大部分对虾养殖密集区均有发生，湛江地区的养殖监测显示该病基本伴随养殖全过程。发病南美白对虾小者体长4厘米，大者体长7～8厘米及以上，投苗放养后的30～60天易发病。

（1）病原体及症状

① 病原体。对虾白斑综合征病毒（WSSV）是一种不形成包涵体、有囊膜的杆状双链DNA病毒。在病虾表皮、胃和鳃等组织的超薄切片中，电镜下可发现一种在核内大量分布的病毒粒子，该病毒粒子外被双层囊膜，纵切面多呈椭圆形，横切面为圆形；囊膜内可见杆状的核衣壳及其内致密的髓心。该病毒粒子大小为（391～420）纳米×（101～119）纳米，核衣壳大小为（356～398）纳米×（76～85）纳米。纯化的白斑综合征病毒复染后电镜下观察，完整的病毒粒子呈不完全对称的椭圆形，大小约350纳米×100纳米，有一"长尾"结构。

② 病症及病理变化。对虾白斑综合征病毒主要破坏对虾的造血组织、结缔组织、前后肠的上皮、血细胞、鳃等。急性感染引起对虾摄食量骤降，头胸甲与腹节甲壳易于被揭开而不黏着真皮，头胸甲易剥离，在甲壳上可见到明显的白斑。有些感染对虾白斑综合征病毒病的南美白对虾显示出通体淡红色或红棕色，这可能是由于表皮色素细胞扩散所致。

病虾一般停止摄食，行动迟钝，体弱，弹跳无力，漫游于水面或伏在池边、池底不动，很快死亡。病虾体色往往轻度变红或变为暗红或红棕色，部分虾体的体色不改变。病虾的肝胰脏肿大，颜色变淡且有糜烂现象，血凝固时间长，甚至不凝固。对虾白斑综合征病毒病具有患病急、感染快、死亡率高、易并发细菌病等特点。在养殖生产中一般从对虾出现症状到死亡只有3~5天；且感染率较高，7天左右可使池中70%以上的对虾患病；患病对虾死亡率可达50%左右，最高达80%以上。对虾白斑综合征病毒病也常继发弧菌病，使得患病对虾死亡更加迅速，死亡率也更高。

通常，对虾发病初期可在头胸甲上见到针尖样大小白色斑点，在显微镜下可见规则的"荷叶状"或"弹着点状"斑点，可作为判断的初步依据（图4-8）。此时对虾依然摄食，肠胃充满食物，头胸甲不易剥离。病情严重的虾体较软，白色斑点扩大甚至连成片状，严重者全身都有白斑，有部分对虾伴有肌肉发白，肠胃无食物，用手挤压甚至能挤出黄色液体，头胸甲与皮下组织分离，容易剥下（图4-9）。

图4-8 南美白对虾感染WSSV的体征

图4-9 头胸甲上明显的白斑

（2）养殖水体环境与对虾白斑综合征病毒病的关系　对虾

白斑综合征的发病不仅与对虾的免疫水平、病毒数量、感染方式有关，还与养殖环境密切相关，应用生态调控手段优化水体环境进行对虾白斑综合征病毒的防控日益受到关注。

① 养殖水体中理化因子与白斑综合征病毒病的关系

a. 温度。温度与白斑综合征病毒病的暴发具有极其密切的相关性。不同种类虾的适宜生长温度及其对白斑综合征病毒的易感温度存在一定的差别。南美白对虾、斑节对虾、中国明对虾、日本囊对虾对白斑综合征病毒的易感温度分别为27℃、30℃、23℃和25℃，相差较大。说明白斑综合征病毒有很强的温度适应性，在不同温度和虾种中都能复制繁殖。不同种类虾的易感温度虽然有所不同，但大多是在其最适生长温度范围内。

一般对虾在其最适生长温度下摄食量增大，生长积累增加，同时也增加了经口感染的机会，而经口感染正是白斑综合征病毒病流行的主要途径。随着细胞分裂加快，体内的白斑综合征病毒也随之大量增殖，当机体内的病毒数超过一定阈值时易造成白斑综合征病毒病的暴发。白斑综合征病毒感染、侵入对虾细胞的过程都和水温相关，如在18℃的低温条件下，病毒不易侵入细胞，增殖也慢，虾体虽已感染病毒，但其表观病症并未表现出来。随着温度的升高，白斑综合征病毒病的发病时间、死亡高峰也相应提前，死亡时间逐渐变短。何建国等人提出更高的养殖水温（33℃）能抑制白斑综合征病毒的复制，显著降低白斑综合征病毒感染对虾的死亡率。这主要因为适当的热休克刺激不仅能提高南美白对虾的热耐受性，还可显著增强其对对虾白斑综合征病毒的抵抗性。

b. 盐度。盐度变化在一定程度上可引起对虾免疫活性下降，使其抵抗力降低，易受白斑综合征病毒等病原体的感染，病毒一旦在机体内显著增殖，将导致白斑综合征病毒病从潜伏感染到急性暴发。有学者将攻毒后的中国明对虾从盐度22‰

水体转入盐度14‰水体，2小时后其体内白斑综合征病毒的量是对照组（盐度不变）的近3倍。暴雨过后水体盐度骤降，易引起白斑综合征病毒宿主死亡。

有学者提出，海水养殖池对虾白斑综合征病毒阳性比例远高于淡水池，这可能是由于该病毒是海水初发种，在淡水中数量少且不易存活，故采用淡化养殖在一定程度上可相对减少该病害的发生。但淡化过程中应采取渐降的方式，避免盐度变化幅度过大，对虾为适应渗透压变化而耗费大量的能量以维持机体平衡，导致免疫水平下降，使病毒易感性大幅提高。

c. 溶解氧（DO）和化学需氧量（COD）。水体中溶解氧含量过低会引起对虾缺氧、诱发白斑综合征病毒病，进而导致死亡。溶解氧过低，使水体中有毒有害物质含量增高，水体中的病原生物大量滋长，增大了对虾病害的易感性；其次，对虾的新陈代谢活动在低溶解氧条件下受到一定的抑制，抗病力降低，给病毒侵入机体创造有利条件。

相应地，水体中的化学需氧量（COD）也是诱发对虾病毒病暴发流行的主要环境因子之一。据马建新和李奕雯等报道，当化学需氧量含量小于10毫克/升时，对虾不易暴发病毒病，当化学需氧量大于10.2毫克/升时，白斑综合征病毒的易感性将大幅提高。养殖过程中在强降雨或台风天气情况下，养殖池底容易被外力搅动，化学需氧量从5.6毫克/升迅速上升到30.0毫克/升，此时对虾极易暴发病毒病。

因此，在高温季节要特别关注虾池中的溶解氧和化学需氧量的变动，并根据天气变化采用合理的管理措施，确保水体溶解氧处于一个相对较高的水平，控制水体化学需氧量含量在合适范围并保持相对稳定，以降低对虾病害的发生概率。

d. 酸碱度（pH值）。一般对虾易适应弱碱性环境（pH 7.8～8.8），对低pH值突变的免疫适应性较差，容易增加其对白斑综合征病毒等病原的易感性。低pH值会削弱对虾的携氧能力，pH值向低突变时中国明对虾和南美白对虾溶菌活力逐渐下降，pH值为7.0～8.5时中国明对虾幼虾的耗氧率随pH值的下降而升高。如果水体环境中的pH值变化剧烈，对虾需耗费大量的能量来调节机体的pH值平衡，这在一定程度上容易造成虾体代谢的暂时性失调或使相关组织受到损伤，令对虾抗病力降低，增加白斑综合征病毒等病原的易感性。所以，养殖过程中应对水体pH进行监测和调节，使之稳定在对虾健康生长的适宜范围内。

e．氨氮。氨氮能从水体进入对虾组织液内对其体内酶的催化能力和细胞膜的功能产生不良影响。邱德全等研究提出，当水体氨氮含量低于0.35毫克/升时经白斑综合征病毒感染的对虾在14天内虽有发病但未致死，当氨氮高于0.75毫克/升时感染对虾全部呈现明显的白斑综合征病毒病症状并死亡。随氨氮质量浓度的升高，死亡率不断升高，且浓度越高，发病越快，死亡数越大。所以，在养殖过程中应尤其注意养殖水体环境的调控，科学地综合应用物理、化学、生物及生态等技术手段，优化养殖环境，以减少氨氮等有毒有害物质的积累，降低养殖对虾的病害易感性。

f．亚硝酸盐和硫化氢。亚硝酸盐和硫化氢对养殖对虾均具有毒害作用。亚硝酸盐主要影响对虾血淋巴对氧的亲和性，降低机体的输氧能力，从而对机体产生毒害作用。硫化氢则主要表现为急性毒性作用，能够作用于蛋白质结构中的巯基基团，抑制蛋白质的作用。亚硝酸盐和硫化氢均可严重影响对虾的健康水平，使对虾的抗病机能降低，从而在某种程度上加大了白斑综合征病毒对对虾的易感性，所以，在养殖过程中应对其含量进行控制。

② 养殖水体中细菌与白斑综合征病毒病的关系。在养殖过程中科学使用有益菌制剂，不仅能有效净化养殖水体环境，

还可在一定程度上防控病害发生，如在养殖水体中不定期施用由芽孢杆菌、乳酸菌、光合细菌和放线菌等制剂，可有效降低白斑综合征病毒病等病害的发生概率。白斑综合征病毒的感染会造成对虾肠道正常菌群结构的失衡，导致患病对虾肠道菌群区系紊乱，如患病对虾的肠道总细菌数约为健康对虾的10倍，但其弧菌和乳酸菌所占比例明显低于后者，而气单胞菌的比例则显著高于后者。这可能是由于水体环境中菌相结构失衡，使得对虾肠道内的菌群结构也随之变化，其中的有害菌大幅增加，造成机体抗病能力大幅下降，从而大大提高了白斑综合征病毒的易感性；其次，白斑综合征病毒进入对虾机体后通过某种潜在机制，扰乱机体的抗病屏障，使肠道中的有益菌群受到抑制，从而直接或间接地促进有害菌大幅增殖，打破对虾体内固有的菌相平衡，造成染病对虾与健康对虾的肠道菌群结构有所差别。可见，对虾肠道正常菌群、白斑综合征病毒和机体的健康状态存在必然联系。所以，在养殖过程中可以通过施加芽孢杆菌、光合细菌、乳酸菌等有益菌制剂，净化水质，增强对虾抗病力和免疫水平，减少养殖对虾疾病的发生。不同的微生物种类，其生理、生态有所差别，在实际使用过程中根据微生物的特点，协同使用效果更好。

③ 养殖水体中微藻与白斑综合征病毒病的关系。水体中微藻的种类和数量等与养殖对虾的病害发生情况有密切关系，尤其是赤潮生物类群，其数量与虾病程度呈正相关；微藻的多样性指数与虾病程度呈负相关，多样性指数越低，虾池富营养化程度越高，水质条件越差，越容易发生疾病。水环境中的微藻对抑制白斑综合征病毒病也具有积极作用，李才文等指出水体中加入赤潮异弯藻与攻毒感染白斑综合征病毒的中国明对虾共同培养，对虾发病情况有所缓和，加藻组虾体内检测到病毒含量比未加藻组略低，死亡高峰期也有所推迟，可能是由于赤潮异弯藻细胞表面含有大量由透明质酸或类似物的毒素抑制效

应物。

不同的微藻对白斑综合征病毒水平传播也有一定的影响。等鞭金藻、中肋骨条藻、小球藻、亚心形扁藻、盐藻等都能在一定时间内携带白斑综合征病毒，并通过食物链传播方式使浮游动物感染白斑综合征病毒，进而使对虾幼体染毒致病。微藻对白斑综合征病毒的携带能力与其他无脊椎动物宿主有所不同，藻类主要通过其细胞外表面的特定结构携带白斑综合征病毒粒子，病毒无法进入藻类细胞内部进行有效繁殖。由于白斑综合征病毒在海水中存活时间短及感染活性受限制，当细胞外表面的白斑综合征病毒经过一定时间仍无法入侵到合适的宿主，则在藻类表面短暂附着并死亡，所以微藻在带毒一定时间后检测的白斑综合征病毒即呈阴性，然而不同藻类所携带白斑综合征病毒呈阳性的时间不同，这也可能主要与其细胞表面特性有关。

虽然微藻表面在特定时间内可携带白斑综合征病毒，但不同种类微藻对水体中浮游白斑综合征病毒也有一定的清除效应，优良微藻还有利于提高白斑综合征病毒带毒对虾的成活率。例如在南美白对虾低盐度养殖水体中的优势微藻——微囊藻和小球藻表面均可携带少量白斑综合征病毒，且随时间延长而减少，小球藻还有利于促进水体白斑综合征病毒数量的消减；Tendencia等也提出白斑综合征病毒带毒对虾在小球藻培育水体中的成活率会显著提高。

通常养殖中后期水环境中容易形成以微囊藻、颤藻等有害蓝藻为优势的藻相，而在这种水体中带毒对虾的死亡率往往会大幅升高。这主要是由于水体中的微囊藻、颤藻等有害蓝藻能分泌毒素，产生较强的毒害作用。徐煜等研究发现，绿色颤藻可致对虾急性死亡，其主要有害成分为颤藻的藻毒素。此外，微囊藻、颤藻等有害微藻的大量繁殖会降低虾池中微藻群落的丰富度和多样性，影响微藻藻相组成及稳定性，诱发对虾病害,并且随着有害微藻密度或优势度升高而病情加重,养殖对虾成活率和生长速度随之降低。所以,在生产过程中培育优良微藻藻相,防止有毒有害微藻形成生态优势,有利于养殖对虾的健康生长和白斑综合征的防控。

④ 高位池养殖南美白对虾的白斑综合征病毒携带量动态变化特点。在高位池养殖过程中,南美白对虾的白斑综合征病毒携带量变动范围为$10^3 \sim 10^9$拷贝/克。有以下几个问题应受到特别关注,可采取有效措施进行病害防控。

a. 市场销售的南美白对虾虾苗有不少均携带白斑综合征病毒,病毒携带量在10^3拷贝/克左右,通过科学的养殖管理,携带白斑综合征病毒的虾苗仍能养成到商品虾的规格收获和销售。

b. 虾体内的白斑综合征病毒携带量跟养殖水体生态环境的稳定性和优良与否密切相关。

c. 养殖中后期虾体的病毒携带量呈现明显的波动上升趋势。

d. 白斑综合征病毒病的暴发与水体微藻藻相之间具有一定的相关性,养殖中期水体富营养化程度升高,有害蓝藻——颤藻类逐渐演替为优势种时,对虾体内病毒携带量会呈现出明显的升高趋势。

e. 台风和强降雨天气时,水体环境容易发生剧烈变化,微藻藻相波动明显,对虾体内病毒携带量也会随之显著升高。

f. 水温是影响白斑综合征病毒复制的重要因素之一,秋冬季养殖过程中在搭建越冬棚前后,养殖水体在短时间内的最大温差可达7℃,由原来的20℃左右升高到26℃左右,该温度条件下病毒复制活性增强,加上水温骤变,使得对虾容易产生应激反应,抗病力有所下降,导致对虾体内病毒携带量大幅升高。

⑤ 滩涂土池养殖南美白对虾的白斑综合征病毒携带量动态变化特点。滩涂土池养殖南美白对虾的白斑综合征病毒携带量动态变化的特点与高位池的类似。

a. 养殖过程中大多数池塘的对虾均可检测出携带白斑综合征病毒，携带量一般为10^5拷贝/克左右，对虾多处于高风险的养殖状态，但通过科学的养殖管理带毒对虾仍能养成到商品虾的规格收获和销售。

b. 虾苗放养30天和60天左右时，虾体的白斑综合征病毒携带量多会呈现波动高峰，可能处于白斑综合征病毒复制敏感期，养殖管理过程中应予以注意。

c. 遭遇台风、强降雨和持续高温天气，水体pH和盐度容易发生变化，养殖对虾的白斑综合征病毒携带量亦相应地呈现明显的变动，表明水体pH和盐度变化与白斑综合征病毒携带量之间呈显著的相关性。

d. 整个养殖过程中水体环境良好且保持稳定的池塘，虾体白斑综合征病毒携带量多处于较低的水平，波动幅度小，养殖对虾成活率相对较高。

e. 实际养殖生产中，白斑综合征病毒的增殖或白斑综合征病毒病的暴发受多种环境因子共同作用的影响，仅仅针对单一因子进行调控，效果相对不明显。

2. 桃拉综合征病毒病

（1）病原体及病症　对虾桃拉综合征病毒病的病原体是桃拉病毒（TSV），它是一种直径约31～32纳米的球状单链RNA病毒，主要宿主为南美白对虾和细角滨对虾，感染该病的对虾死亡率接近60%。患病南美白对虾一般体长在6～9厘米居多，投苗放养后的30～60天期间易发病。患病对虾主要表现为尾肢、尾节、腹肢，甚至整个虾体体表都变成红色（图4-10、图4-11）或茶红色，有些虾体局部出现黑色斑点，这主要是患病对虾的甲壳部位形成色素沉积，显微观察呈现以黑色为中心的暗红色放射性斑区（图4-12、图4-13）。胃肠道肿胀，肝胰腺肿大，变白，摄食量明显减少或不摄食，消化道内没有食物；在水面缓慢游动，离水后活力差，不久便死亡，患病初期池边有时可发现少量病死虾，随着病情加重死虾数量会不断增加。也有部分病虾的症状不明显，身体略显淡红色，但进行PCR病原检测呈阳性。一般发病池塘多表现为底质环境恶化，水质富营养化，水中氨氮及亚硝酸盐含量过高，透明度在30厘米以下。

图4-10 感染TSV的南美白对虾身体变红

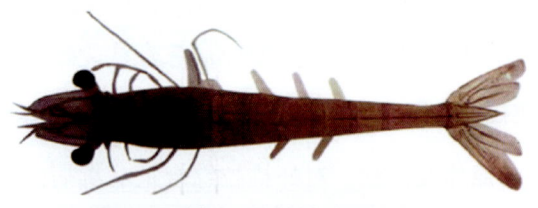

图4-11 感染TSV的南美白对虾体色呈红色

（2）发病特点 对虾桃拉综合征病毒病一般具有患病急、病程短、死亡率高的特点。通常早春放养的幼虾容易发生急性感染，从发现4～6天开始对虾摄食量大幅减少，随后大量死亡；如果能坚持到一至两周，死亡对虾数量渐渐有所减少，而变为慢性死亡，在池边和排污口时有死虾发现。患病幼虾死亡率可达50%以上，高的甚至可达到80%～100%；成虾则相对更容易发生慢性死亡，死亡率在40%左右。一般发病池塘的水体溶解氧含量相对较低。

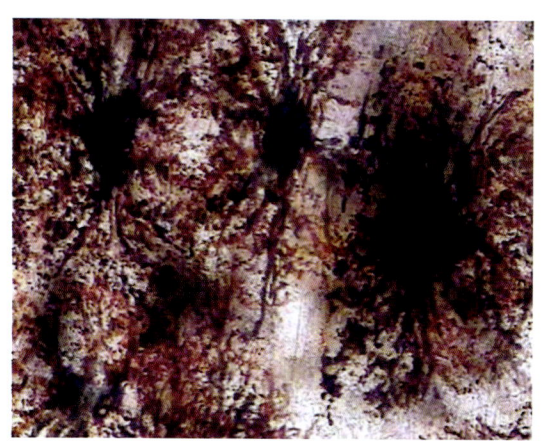

图4-12 显微镜下对虾甲壳的色素沉积

图4-13 感染TSV的南美白对虾体表呈现黑色斑点

3. 传染性皮下组织及造血组织坏死病毒病

病原体为传染性皮下组织和造血组织坏死病毒（IHHNV），该病毒是一种单链DNA病毒，属于细小病毒科。主要感染鳃、表皮、前后肠上皮细胞、神经索和神经节，以及中胚层器官，如造血组织、触角腺、性腺、淋巴器官、结缔组织和横纹肌等，在宿主细胞核内形成包涵体。

患病对虾身体变形,通常会出现额角弯向一侧,第六体节及尾扇变形变小。虽然该病的致死率不高,但对虾生长受到严重影响,经长时间养殖的对虾个体仍然较小,有的养殖100多天后,虾体长只有4~7厘米。若养殖者放养了携带此病毒的虾苗,养殖30天左右发现幼虾生长严重受限,应及时采集虾样送检,确定病因后及早处理,避免耗费大量的成本,影响养殖生产效益。

4. 十足目虹彩病毒病

(1)病原与病症 病原体为十足目虹彩病毒1(DIV1),是一类具有线性双链DNA的大颗粒二十面体病毒。其病毒粒子有的有囊膜包裹,有的没有囊膜包裹,通过细胞膜出芽释放的病毒粒子有囊膜,而因为细胞裂解释放的病毒粒子没有囊膜,在DNA核心和衣壳之间有一层脂质内膜。有囊膜的病毒粒子和无囊膜的病毒粒子都具有感染性,但有囊膜的病毒粒子感染性更高。

感染该病毒的虾有厌食、空肠空胃、肝胰腺萎缩、颜色变浅、死亡率高、短时间大量死亡等临床症状。其中,自然感染十足目虹彩病毒1的养殖南美白对虾和罗氏沼虾可以达到80%以上的死亡率。2014年开始在广东、福建等地发现高密度养殖的南美白对虾暴发性死亡,在病死虾中检出了十足目虹彩病毒1。因其病虾游泳足附近的甲壳出现明显的发黑症状,被业内称为南美白对虾"黑脚病"。但近年来在珠三角地区未出现"黑脚"症状的对虾中也检出了十足目虹彩病毒1(图4-14)。

(2)病原名称的变更 虾血细胞虹彩病毒(SHIV)是在2014年由中国水产科学研究院黄海水产研究所黄倢团队在暴发严重虾病的某养殖场的患病南美白对虾中分离得到。它与自然资源部第三海洋研究所杨丰团队从红螯螯虾中分离的红螯螯虾虹彩病毒(CQIV)的基因组相似性为99%,为同种病毒的两个分离株。其后，该病毒被正式命名为十足目虹彩病毒1。

图4-14 感染十足目虹彩病毒1的对虾呈现"黑脚"的特征

5. 偷死野田村病毒

偷死野田村病毒（CMNV）是一种无囊膜的二十面体RNA病毒，属于野田村病毒科（Nodaviridae），内部有两段正链RNA。2014年，国内首次报道并证实了一种新的RNA病毒CMNV可引起严重的偷死病（CMD）的发生。在2013～2015年间，流行病调查数据显示，国内养殖对虾CMNV检出率高达31.8%。

患病对虾肝胰腺萎缩，部分病虾肝胰腺切面发红或颜色变浅，甲壳发软，生长缓慢，腹节肌肉发白；对虾常死在池底，且呈现累积性死亡，其死亡率可达40%～80%。该病毒多在放苗后30～80天发病，或由于高温（28℃以上）导致发病。

二、病毒的传播方式

病毒必须感染宿主，进入宿主体内相关组织器官的活细胞内营专性寄生生活，靠宿主代谢系统的协助来复制核酸、合成蛋白质等组分，然后再进行装配增殖。例如白斑综合征病毒可感染虾类（包括龙虾）、蟹类和多种水生甲壳类生物（如水生昆虫、桡足类、海蟑螂等）；南美白对虾、罗氏沼虾、日本沼虾、小龙虾、脊尾白虾和三疣梭子蟹是十足目虹彩病毒的易感宿主。当外部条件适宜时通过食物链方式，在养殖生态系统中可感染养殖对虾。一般对虾病毒病的传播途径有垂直传播和水平传播。

垂直传播是亲虾通过繁殖将病毒传播给子代（虾苗）。所以，若使用携带某种病毒的亲虾进行繁育生产，其生产的后代虾苗多将成为病毒携带者。

水平传播是养殖过程水环境中的病毒经摄食（经口）感染、侵入感染（经鳃或虾体创伤部位侵入）等途径入侵对虾机体，使健康对虾进入潜伏感染或急性感染状态。一般经由水平传播途径的感染有以下几种常见的情况。

① 健康对虾摄食携带病毒的甲壳类水生动物如杂虾、蟹类等被感染。

② 健康对虾摄食携带病毒的浮游生物如卤虫（丰年虫）、桡足类、水生昆虫等被感染。

③ 感染了病毒的病虾、死虾被健康对虾摄食。

④ 水体中的浮游病毒经对虾呼吸侵入鳃部或经虾体创伤部分侵入机体。

⑤ 某个池塘的患病对虾被养殖场周边的飞禽、鼠类、蟹类摄食，病毒经由它们再传播到其他原本未患病的池塘，或因养殖者管理不善将患病池塘的病原带入其他池塘，导致病原由点到面全面感染各养殖池塘对虾。

三、病毒性疾病的诊断方法

病毒病可依据病症和病理变化初步诊断，结合使用分子生物学技术进行确诊。目前可用于检测对虾病毒的方法有：PCR技术、LAMP技术、TE染色技术、原位杂交技术、点杂交技术等。当前市面上已有用于检测几种对虾常见病毒的简易型病毒检测试剂盒。在国家或行业标准中主要使用PCR和实时荧光定量PCR技术对对虾病毒病进行确诊。

巢式PCR检测（定性检测）——选择WSSV的基因保守序列设计获得两对引物，对待测对虾取样（鳃、肝胰腺、血液、附肢），提取核酸，利用两对引物分步进行聚合酶链反应（PCR）扩增，通过凝胶电泳与阳性对照（确认携带目标病毒的样品）比对。当待测虾样出现与阳性对照相同的条带，说明待检虾体携带了目标病毒。该种方法主要用于定性检测，具有特异性好、灵敏度高的特点。

实时荧光定量PCR检测（定量检测）——主要包括SYBR Green I、杂交探针和Taqman（水解探针）三种方式。提取待检虾样核酸的方法与巢式PCR检测的相同，但在进行聚合酶链反应（PCR）扩增时需要额外添加具有报告荧光基团和淬灭荧光基团的探针，利用荧光实时监测系统接收到荧光信号，每扩增一条核酸链就有一个荧光分子形成，使得荧光信号累积与核酸链增加形成正比关系，最后通过与标准曲线比对，获得病毒的定量数值。目前，自然资源部第三海洋研究所杨丰团队通过该种技术已研制出对虾白斑综合征病毒（WSSV）、十足目虹彩病毒1（DIV1）等荧光定量PCR检测试剂盒。

LAMP检测技术——LAMP是环介导等温扩增的简称，它主要是针对病毒的特定区段设计多个不同的特定引物，利用链置换反应在一定的温度（63～65℃）条件下进行病毒特定核酸序列扩增，具有扩增效率高、反应快、特异性强的特点，可在15分钟到1个小时内完成整个扩增过程，再通过与标准样品进行比对，即可获得待检虾样携带病毒量的结果。一般多为相对定量。目前，中国水产科学研究院黄海水产研究所黄倢团队通过该种技术已研制出对虾白斑综合征病毒（WSSV）、对虾桃拉综合征病毒（TSV）、对虾传染性皮下及造血组织坏死病毒（IHHNV）等多种简易型病毒检测试剂盒。

四、病毒性疾病的防控措施

根据对虾病毒病的病原、传播途径、易感宿主，应从以下几个方面防控对虾病毒病。

1. 选择适宜的放养季节

对虾病毒病有极强的季节性特征，春夏相交、天气未稳定、寒潮多发等时节，病毒病多发。建议一般养殖者尽量避开这段时间，可先期做好准备工作，积极关注中长期天气预报，待天气稳定后才开始养殖生产。具备优越生产条件、良好操作技能的养殖者若要争取养殖时间差，应充分做好准备工作，并尽可能只安排部分池塘进行养殖。

2. 严格选择苗种

严格选用不携带特定病毒（SPF）的虾苗。购苗时要求虾苗场出具相关证明（虾苗检疫合格证、虾苗幼体来源证明及其亲本检疫合格证明等），或自行到有资质单位检测种苗，保证虾苗不携带WSSV、TSV、IHHNV、DIV1、CMNV等病毒。

3. 根据养殖条件及管理技术水平，控制合适的放养密度

放养密度过高，不但会导致管理成本上升，还会因饲料投喂和养殖代谢产物增多造成水环境污染，致使对虾易发病，得不偿失。对于南美白对虾高位池养殖的放养密度应控制在每亩

10万～25万尾，滩涂土池养殖和淡化土池养殖的放养密度应控制在每亩4万～6万尾。如养殖小规格商品虾的可适当提高放养密度，或计划在养殖过程中根据市场需求分批收获的也可依照生产计划适当提高放苗密度，但总体而言高位池的最高放养密度不应超过每亩30万尾，土池不应超过每亩12万尾。

4. 做好池塘生态环境的调控和优化

（1）池塘在开始养殖前要彻底清淤、暴晒或清洗，灭菌消毒要彻底。

（2）放养虾苗前，合理施用微藻营养素和有益菌（以芽孢杆菌为主）培养优良藻相和菌相，营造良好水色和合适透明度。

（3）养殖过程中每一至两周时间施用有益菌制剂（芽孢杆菌、乳酸菌、光合细菌），及时降解转化养殖代谢产物，削减水体富营养化，同时维持稳定的优良藻相和菌相。

（4）养殖全程培育和稳定水体优良微藻藻相，避免形成以颤藻、微囊藻等有毒有害蓝藻为优势的藻相结构。

（5）养殖过程保持水体中充足的溶解氧。

（6）养殖过程适当换水，保持水质的新鲜度，最好使用沉淀蓄水池，水源经消毒后再使用，减少外源环境的影响和交叉感染。

5. 科学投喂饲料与营养免疫

（1）选用符合对虾营养需求的优质配合饲料，精准投喂。

（2）加强养殖对虾的营养免疫调控，适当加喂益生菌、免疫蛋白、免疫多糖、多种维生素及中草药等，增强对虾的非特异性免疫功能，提高对病毒的抵抗力。

（3）在病害发生期和环境突变期，少进水或不进水，加喂中草药、维生素C、大蒜等，提高对虾的抗应激力、免疫力和抗病毒能力，预防病毒病发生和蔓延。

6. 套养适量的鱼类防控对虾病害

由国家虾蟹产业技术体系何建国首席团队针对白斑综合征病毒病提出了对虾病毒病生态防控技术方案。根据不同地区水质情况，可在对虾养殖池塘中套养适量的罗非鱼、鲻鱼、草鱼、革胡子鲇、篮子鱼、黑鲷、黄鳍鲷、石斑鱼等杂食性或肉食性鱼类，摄食池塘中的有机碎屑和病、死虾，起到切断传播途径、优化水质环境和防控病害暴发的作用。在选择套养鱼类品种时，应该充分了解当地水环境的特点，了解所拟选鱼类的生活生态习性、市场需求情况，选择合适的品种，确定鱼、虾的密度比例、放养时间、放养方式。例如，在盐度较低的养殖水体可选择罗非鱼、草鱼、革胡子鲇等，盐度较高的养殖水体可选择鲻鱼、篮子鱼、黑鲷、黄鳍鲷、石斑鱼等。鱼的放养方式需要根据混养的目标需求而定，以摄食病、死虾和防控虾病暴发为目标的可选择与南美白对虾一起散养，以清除水体中过多的有机碎屑、微藻为目标的可选择与南美白对虾一起散养，也可用网布将鱼围养在池塘中的一个区域。

（1）南美白对虾与罗非鱼套养　盐度在10‰以下的对虾养殖水体可套养罗非鱼。虾苗的放养密度为4万～6万尾/亩，个体全长为0.8～1厘米；罗非鱼放养密度为200～400尾/亩，个体规格为每尾5克以上。水体年平均盐度小于5‰的还可同时每亩套养鳙鱼50尾或鲢鱼30尾。放苗顺序为先放养虾苗，养殖2～3周对虾生长到体长2～2.5厘米时再放养罗非鱼。

（2）南美白对虾与草鱼套养　水体盐度在5‰以下的可选择套养适量的草鱼。先放养个体全长0.8～1厘米的南美白对虾虾苗4万～6万尾/亩，养殖两至三周待对虾生长到体长2～2.5厘米时再放养草鱼，草鱼个体规格为1千克左右，数量为每亩30～60尾，具体根据放养虾苗的密度适当调整。

（3）南美白对虾与革胡子鲇套养　水体盐度在10‰以下的可选择套养革胡子鲇，利用它摄食病、死虾，切断对虾病害的传播途径，可有效防控对虾病害的暴发。放苗时可按5万～10万尾/亩的密度先投放个体全长0.8～1厘米的南美白对虾虾苗，养殖2～3周待对虾个体生长到体长2～2.5厘米时再放养革胡子鲇，革胡子鲇个体规格为400克左右，每亩的放养数量为50尾左右。

（4）南美白对虾与革胡子鲇、鲻鱼的网围分隔式套养　在对虾养殖池塘中央处设置围网，围网与池塘的面积比例为1∶5，围网网孔大小为使对虾能出入网孔而鲻鱼和革胡子鲇不能出入网孔，围网的边缘平齐于增氧机引起的池塘水流的内圈切线。围网外投放南美白对虾和肉食性的革胡子鲇，围网内投放杂食性的鲻鱼。放苗时可按5万～10万尾/亩的密度先投放个体全长0.8～1厘米的虾苗，养殖2～3周待对虾个体生长到体长2～2.5厘米时再放养鲻鱼和革胡子鲇，两种鱼的个体规格均为400克左右，鲻鱼每亩放养数量为50尾，革胡子鲇为30尾。

（5）南美白对虾与石斑鱼的套养　在水体盐度较高的地方可选择套养石斑鱼。南美白对虾虾苗的放养密度为5万～10万尾/亩，个体体长为0.8～1厘米，放苗养殖一个月左右对虾规格达到体长3～5厘米时，按每亩30尾的数量放入个体规格为50～100克的石斑鱼进行套养，到对虾养殖两个月左右时，再按每亩30尾的数量放入个体规格为120～150克的石斑鱼进行套养。

7. 早发现、早诊断、早治疗

做好养殖管理，经常观察养殖对虾的活动、摄食和池塘水色、微藻藻相、水质的变动状况，及早发现病情，作出诊断，及时采取措施。发现养殖对虾发病死亡，首先停止投喂饲料3～5天，同时稳定良好水质和藻相，增强水体增氧，及时清理死虾，再逐渐恢复饲料投喂，同时进行营养免疫强化，控制病情发展和蔓延。必要时可适量使用安全高效的消毒剂进行水体消毒。

8. 严格禁止随意处理病死虾和排放死虾池塘的养殖水体

应防止造成病毒的扩散，污染海区水域，传播病害。发现养殖对虾发生病害，应及时捞出虾池内的病、死虾，运输至远离养殖区的地方，用生石灰或漂白粉消毒后掩埋处理，养殖池塘水体应进行消毒处理后再排放。治疗期间的换水排水应做适当消毒处理后再排放；放弃养殖的池塘，应施用漂白粉彻底杀灭水体生物，停置4～5天后再排放。

第三节 由其他生物诱发的疾病及防控措施

一、真菌性疾病——镰刀菌病及防控措施

镰刀菌病是对虾较常见的真菌性疾病。病原为镰刀菌，菌丝呈分枝状，有分隔，可形成不同大小的分生孢子和厚膜孢子，其中大分生孢子呈镰刀形，故名镰刀菌。镰刀菌多寄生于对虾的头胸甲、鳃（图4-15）、附肢、眼球和体表等处的组织内，使得相关部位的组织器官受到严重破坏，一般受感染的组织因黑色素沉淀而呈黑色；同时，还可产生真菌毒素，使宿主中毒。对于该类疾病主要是通过消毒水体及池塘环境的方式达到防控的目的。在虾苗放养前对池塘进行彻底清洗、暴晒和消毒，水源进入池塘后，合理使用安全高效的消毒剂对水体进行

彻底的消毒，杀灭潜藏于池塘环境中的病原体。养殖过程中可选用二溴海因或含碘消毒剂进行消毒处理，杀灭水环境中的分生孢子和菌丝，对已寄生于对虾体内的镰刀菌及其分生孢子，目前尚无特别有效的办法进行处理。

图4-15 患病对虾鳃部被镰刀菌感染溃烂

二、寄生虫性疾病及防控措施

1. 固着类纤毛虫病

病原主要为钟形虫、聚缩虫、单缩虫、累枝虫或壳吸管虫等寄生虫（图4-16、图4-17）。患病对虾体表、附肢和鳃丝上形成一层灰黑色绒毛状物。病原体寄生于鳃部的危害相对较大，可使对虾鳃部变为黑色或灰色，症状与细菌性黑鳃病类似，严重时鳃部肿胀，对虾呼吸和蜕皮困难。病虾活动迟缓，常浮游于水面，摄食量大幅减少，生长停滞，不易蜕壳。该病症一般在水环境富营养化水平不断升高，水质恶化，池底大量有机物沉积时较多出现。

所以，对该病的防控措施须"多管齐下"。一是相继使用针对寄生虫和水环境的安全高效消毒剂，药效消除后再配合有益菌制剂调剂水质，间隔1~2周重复处理一次；二是注意养殖过程水体环境的管理，定期使用芽孢杆菌，同时配合使用乳酸菌和光合细菌等有益菌制剂，促使养殖代谢产物得以及时降解转化，稳定优化水体环境；三是科学使用水体营养素，避免水体有机物含量过多，富营养化水平负荷过大，尤其不使用未经充分发酵的有机营养素；四是养殖过程中不定期在饲料中拌喂大蒜和中草药制剂，每天2次，连用3～5天，调节对虾抗病机能。

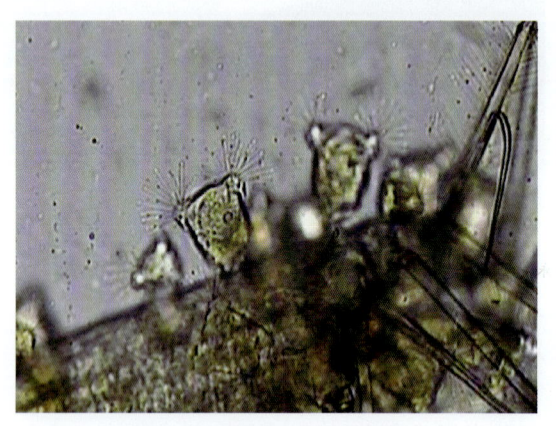

图4-16　壳吸管虫寄生于对虾鳃丝

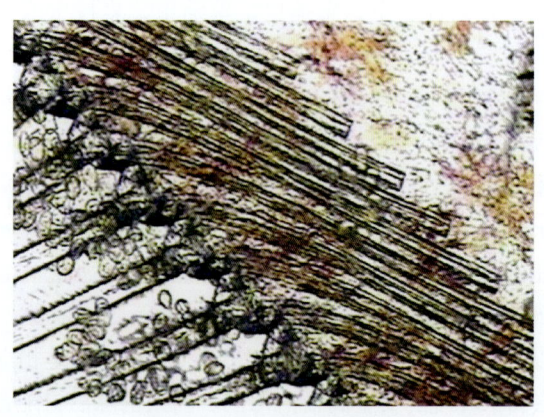

图4-17　聚缩虫寄生于对虾鳃丝

2. 微孢子虫病

病原主要为微粒子虫、塞罗汉虫、阿格玛虫、匹里虫、肠胞虫等。微孢子虫个体较小，显微镜下观察多为卵圆形或梨形，孢子长2～10微米、宽1.5～4.2微米。患病对虾肌肉变白，浑浊，不透明，失去弹性。由于对虾病毒性疾病、弧菌病和肌肉坏死病等也可使虾体肌肉变白浊，在诊断时可取白浊组织做显微镜涂片，在高倍镜下能观察到孢子细胞即可确诊。

近年来，虾肝肠胞虫（EHP）成为严重影响我国养殖对虾生长缓慢的主要病原之一。对虾感染该寄生虫后，会导致对虾出现生长缓慢或生长停滞，并有时出现白便等症状，但其不影响对虾的摄食和存活率。这种疾病在对虾的仔虾期直至养成期均有感染的迹象。

因为虾肝肠胞虫可以通过同类间实现水平传播，这使得较难控制养殖池中的疾病。Salachan等人通过建立对虾感染模型的方法，将感染虾肝肠胞虫的对虾和未感染的对虾混合感染，在混养14天后，从混养前未感染的对虾体内检测到了肝肠胞虫的感染。

由于虾肝肠胞虫是细胞内寄生，目前还没有有效的治疗药物和方法，主要还是以预防为主。首先，在虾苗放养前对池塘进行彻底清洗、暴晒和消毒，水源进入池塘后，合理使用安全高效的消毒剂对水体进行彻底的消毒，杀灭潜藏于池塘环境中的病原生物；其次，从苗种的检测、饲料的检测、限制鲜活饵料的使用、水体及对虾的疫情检测方面控制虾肝肠胞虫的传播和发病；再次，养殖过程中不定期使用低毒高效的消毒剂进行水体消毒处理；最后，发现池塘中出现患病对虾，应立即捞出并销毁，防止被健康的虾吞食，而在水中扩大传播，感染健康的对虾。

三、有害藻诱发的疾病及防控措施

1. 蓝藻中毒

一般在对虾养殖中后期水体富营养化程度不断升高,透明度小于30厘米时,往往容易出现以有害蓝藻为优势的微藻藻相结构。在盐度小于10‰的水体中有害蓝藻主要以微囊藻为主,当盐度大于10‰则主要以颤藻类为主。这两类蓝藻均可分泌微囊藻毒素,胡鸿钧报道微囊藻毒素攻击的主要靶器官是动物的肝脏,其中50%～70%的毒素出现在肝脏,7%～10%在肠道,而且毒素可从肝脏进入肠道,并在肝肠间进行再循环。所以,在这种水体环境中,养殖对虾容易发生中毒,肝胰腺和肠道受到破坏,最终死亡。通常在池塘下风处的水体表层会出现积聚较多蓝藻水华,伴有腥臭味,池边可见漂浮的死亡对虾。

(1)虾池中的常见蓝藻代表种类

① 绿色颤藻。对虾养殖池塘优势种,海水池塘和低盐度淡化养殖池塘均可见,以群体形式存在。原植体为单条藻丝或多条藻丝组成的块状漂浮群体,藻丝不分枝,较宽,能颤动,横壁不收缢。以藻殖段方式繁殖。细胞为短柱状或盘状,原生质体均匀无颗粒,细胞长4～8微米(图4-18)。

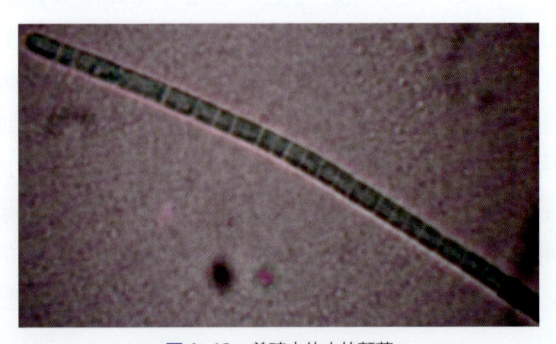

图4-18 养殖水体中的颤藻

② 铜绿微囊藻。池塘水体中的微囊藻以群体形式存在，多见于低盐度淡化养殖水体。群体呈球形团块状或不规则团块，橄榄绿色或污绿色，为中空的囊状体，群体外具有胶被，质地均匀，无色透明。群体中细胞分布均匀而密贴。细胞为球形、近球形，直径3~7微米。原生质体为灰绿色、蓝绿色、亮绿色、灰褐色（图4-19）。

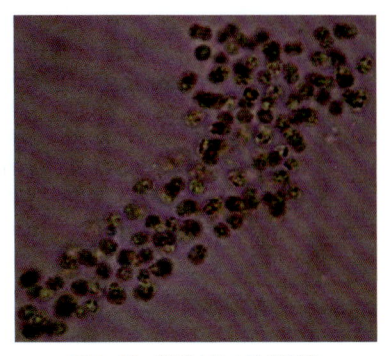

图4-19　养殖水体中的微囊藻

③ 水华微囊藻。多见于低盐度淡化养殖水体，以群体形式存在。群体为球形、长圆形，形状不规则网状或窗格状；群体无色、柔软而具有胶被。细胞球形或长圆形，多数排列紧密；细胞呈现淡蓝绿色或橄榄绿色，有气泡。可自由漂浮于水中，或附着于水中的各种基质上（图4-20、图4-21）。

图4-20　养殖池塘下风处的微囊藻水华

图4-21 微囊藻水华池塘中毒死亡的对虾

(2) 防控有害蓝藻的主要措施

① 养殖过程防控蓝藻优势的措施

a. 放养虾苗前对池塘和水体进行消毒除害，施用微藻营养素和芽孢杆菌制剂培育以优良微藻和有益微生物为优势的良好藻相和菌相。

b. 养殖过程综合运用芽孢杆菌、光合细菌、乳酸菌等有益菌制剂、微藻营养素、水质调节剂调控养殖池塘生态环境。

c. 养殖过程每7～10天定期施用蓝藻溶藻菌制剂，抑制颤藻和微囊藻等有害蓝藻生长，促进绿藻和硅藻等优良微藻稳定生长；根据天气和水体环境实时调整菌剂的用量。

d. 实行封闭式或半封闭式水环境管理，养殖过程不换水或在水源水质条件良好时少量添水保持水位。

e. 实施科学的投喂策略，以对虾摄食八成饱为宜，避免饲料过量投喂造成养殖水体富营养化。

② 养殖过程出现蓝藻优势的处理措施

a. 处于对虾容易发病和产生应激反应阶段的蓝藻优势

处理：先适量换水，缓解水环境负荷，再通过使用腐植酸稳定水体pH，然后施用蓝藻溶藻菌制剂，视情况轻重反复施用2～3次。同时，配合施用芽孢杆菌制剂，加强水环境中有机物的分解转化，强化物质循环，控制蓝藻的生长繁殖。

b. 处于对虾不易发病时期（例如在高温季节的晴好天气下）的蓝藻优势处理：可先用适量的二氧化氯、溴氯海因等消毒剂抑杀蓝藻，然后排出池塘底层水，引入部分新鲜水源，使用沸石粉、过氧化钙等环境改良剂和水体解毒剂，再施用蓝藻溶藻菌制剂。待水体相对稳定后，施用芽孢杆菌制剂和微藻营养素重新培育优良藻相。

c. 出现蓝藻数量优势过大，有益微藻稀少情况的处理：当水源水质良好时可适量更换部分水体，或从藻相良好水体中引入优良微藻，再施用蓝藻溶藻菌制剂（图4-22），同时增加增氧机的开启时间和增氧强度，配合使用沸石粉、过氧化钙等环境改良剂和水体解毒剂，防止养殖对虾发生应激反应。水质稳定后，每隔3～5天重复施用2～3次芽孢杆菌或光合细菌，使水色保持清爽，防控有害蓝藻的繁殖。

| 使用前 |  使用后第3天 |  使用后第5天 |

图4-22 蓝藻溶藻菌制剂使用效果

2. 甲藻危害

(1) 夜光藻　在海水对虾养殖的中后期，随着池塘水体中有机物含量不断升高，有时会出现水体在夜晚呈现出荧光的现象，尤其是在增氧机拍溅的水花处荧光现象更为明显，养殖对虾在池边跳跃时也可呈现出明显的荧光状（图4-23、图4-24）。这表明此时的养殖水体中形成了以夜光藻为优势浮游生物的群落结构，有的养殖对虾体表黏附了夜光藻。这种水环境下，对虾容易产生应激反应，略受惊扰即容易发生"跳虾"的现象，摄食量有不同程度的减少，严重时甚至出现对虾陆续死亡的情况。

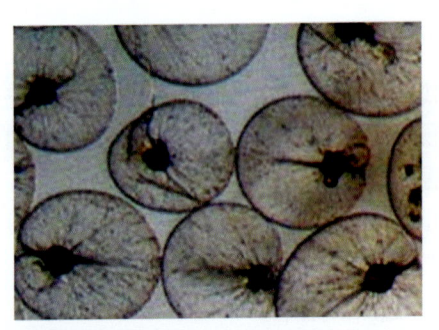

图4-23　对虾养殖水体中常见的夜光藻形态　　**图4-24**　夜光藻模式图

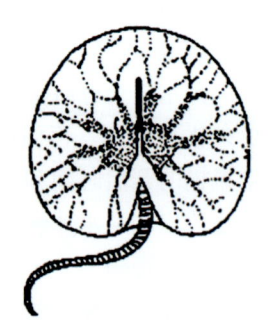

夜光藻属于海水甲藻的一个种类，具有较强的耐污性，喜欢在富营养化的水体中生长，具有自我发光的能力，属于常见的赤潮生物种类之一。藻体细胞近于圆球形，营游泳生活。细胞直径为0.15～2.0毫米。细胞壁透明，由两层胶状物质组成，表面有许多微孔。口腔位于细胞前端，上面有一条长的触手，触手基部有一条短小的鞭毛，纵沟在细胞的腹面中央。细胞背面有一杆状器，使细胞做前后游动。虽然夜光藻自身不含毒素，但可黏附于养殖对虾的鳃部，阻碍呼吸，严重时甚至会引起对虾窒息死亡，败坏水质，继而诱发其他有毒有害生物的

大量生长，导致对虾的继发性感染患病或死亡。

防控夜光藻的主要措施有以下几点：

① 定期使用芽孢杆菌等有益菌制剂，及时分解养殖代谢产物；实行科学的饲料投喂策略，以免残余饲料积累过多使水环境中的有机物含量大幅升高，为夜光藻的爆发式生长提供有利条件。

② 当发现水体中出现夜光藻，但数量还相对较少时，加强芽孢杆菌制剂的使用，同时配合使用适量的光合细菌，反复两三次，净化水质，压制夜光藻的生长。

③ 当水体中夜光藻已形成优势时，可选择在水源质量较好时进行适量换水，同时提高水体的增氧强度，保证溶解氧的供给。

④ 若通过换水仍未能有效控制夜光藻的数量，可适量使用低毒高效的消毒剂杀灭部分藻细胞，随后根据水体情况适度提高芽孢杆菌等有益菌制剂的使用量，同时提高水体增氧机的开启强度。

（2）其他甲藻

① 对虾养殖池塘常见甲藻的种类与危害。在南美白对虾养殖高位池中常见的甲藻种类有锥状斯氏藻、钟形裸甲藻、微小原甲藻、透明原多甲藻、大角藻、飞燕甲藻等，滩涂土池的常见甲藻种类为微小多甲藻、真蓝裸甲藻、赤潮异弯藻等。虾池中的大部分甲藻具有较好的环境适应性，在水体盐度5‰～30‰，水温20～30℃，pH7.0～8.7的水质条件下均可生长。一般随着水体富营养化水平不断升高，容易引起甲藻爆发式的增长繁殖，使水体变为淡红色、暗红色或红棕色，水"黏"而不"爽"，多泡沫，发出腥臭味。死亡藻体滋生腐生细菌，容易致使水中溶解氧急剧下降。有些甲藻种类还可产生甲藻毒素，可破坏动物的呼吸系统、神经系统和肌肉组织，严重影响养殖对虾的存活与健康生长。彭聪聪等报道在南美白对虾

滩涂土池养殖过程中，早期出现了以甲藻为优势的微藻藻相，甲藻的生物量优势度达到20%～40%，导致在放苗养殖一个月左右对虾出现黄鳃并蜕壳困难的症状，有不少对虾陆续死亡，最终对虾养殖产量、收获对虾的个体规格、养殖经济效益等均远低于其他以蛋白核小球藻等优良微藻为优势的虾池。

② 虾池常见甲藻种类的判别

a. 大角藻。单细胞，细胞具3个明显的角，胞壁厚，具平滑或窝孔状的板片，其间具板间带，具或不具顶孔，色素体多数，颗粒状，呈黄、褐色。

b. 锥状斯氏藻。又称锥状斯克里普藻，细胞梨形，长16～36微米、宽20～23微米。上锥部有突起的顶端，下锥部半球形。横沟宽，位于中央。孢囊球形至卵圆形，钙质，多刺。叶绿体黄褐色。温度适应范围2.5～31.5℃，盐度适应范围0～16‰。

c. 裸甲藻。细胞长形，背腹显著扁平。上锥部与下锥部等大或比下锥部略大而狭，铃形、钝圆形，下锥部略宽，底部末端平，常具浅的凹陷。横沟环状，略左旋，深陷，纵沟宽，向上伸入上锥部，向下达下锥部末端。色素体多数，小盘状，呈蓝绿色；无眼点。

d. 多甲藻。藻体单细胞、椭圆形、卵形或多角形；具有1个大的细胞核。背腹扁，背面稍凸，腹面平或凹起，纵沟和横沟明显，细胞壁由多块板片组成。有多个色素体，形状为粒状，呈黄褐色、黄绿色或褐红色。有的种类具有蛋白核。

e. 原甲藻。细胞呈圆形或心形，左右侧扁，细胞壁中央有一条纵列线，将细胞分为左右两瓣；具有2个侧生的色素体。两条鞭毛自前端伸出，壳面有孔状纹。

③ 防控措施。针对虾池常见的甲藻种类，中国水产科学研究院南海水产研究所研制了水产养殖专用甲藻溶藻菌制剂产品。虾池甲藻的防控方法可参考有害蓝藻的防控方法。

第四节 南美白对虾的应激反应与防控措施

在养殖过程中遇到天气或水环境骤然变化，往往容易致使对虾产生应激反应，如果当时虾体健康水平不佳，体质较弱，则可能会诱发病毒病、细菌病或其他应激性病害。本节将就南美白对虾养殖过程中常见的一些应激性病害和防治方法进行介绍。

一、水体环境变化引发的对虾应激性病害

1. 对虾肌肉坏死病

水环境如水体温度或盐度突然大幅变化、溶解氧过低、氨氮和亚硝酸盐大幅升高，或虾苗放养密度过大、标粗对虾分疏养殖和分批收获等环节的不当操作等因素，均容易引发对虾肌肉坏死病。患病对虾肌肉变白呈不透明的白浊状，与周围正常组织间出现明显的界限，尤其以虾体腹部靠近尾端处的肌肉最为明显（图4-25），严重时会扩大到整个腹部。如果刺激因素得以及时消除，病情可缓解，若肌肉发生白浊面积过大，可能造成对虾短期内死亡。

图4-25 南美白对虾腹部近尾端的肌肉坏死

当前随着对虾放养密度的不断增加，这种病症的发生率也随之不断升高。据李卓佳等报道，在广东湛江对虾养殖主产区，一个养殖季中对虾发生该病的养殖面积就可占发病总面积的16%，对当地养殖生产的影响较大。

对于该病症的防控措施主要为：

① 避免养殖对虾放养密度过大。

② 在高温季节尽量保持高水位，适量换水，防止水温过高，避免水体温度、盐度大幅度变化。

③ 采取科学的养殖环境调控措施，保持良好水质，确保水体溶解氧充足。

④ 当小范围内发现对虾出现病症时，系统分析查找致病因素并及时处理，改善水体环境，促使患病对虾症状减轻，争取在短时间内恢复正常。

2. 对虾痉挛病

该病症主要发生在夏、秋季养殖水体温度较高的时期。患病对虾躯干痉挛性弯曲，背部弓起，肌肉僵硬，无弹跳力，情况严重的对虾在发生应激痉挛后不久死亡。通常在标粗幼虾搬池分疏养殖时容易发生此病害。分析其病因可能有如下几个方面：一是养殖对虾健康水平差，抗应激能力弱；二是机体中钙、磷、镁及B族维生素等营养素不足，存在一定的营养缺乏症，当外界环境条件刺激时机体的生理反应受到影响；三是水体透明度过高，阳光直射强烈，超过虾体可承受的生理刺激阈值；四是养殖水体环境中的钙磷营养比例失调，限制了对虾对钙的吸收和利用等。

对于该病症的防控措施主要为：

① 提高养殖池塘水位，培养优良微藻藻相，将透明度控制在30～40厘米，为养殖对虾提供稳定而优良的栖息环境，使之尽量少受惊动。

② 在对虾饲料中适量补充添加钙、磷及B族维生素等微量元素。

③ 养殖过程中根据水质和天气具体情况适量施用过氧化钙等含钙的水质或底质调节剂，增加养殖水体的钙元素，调节钙磷比例。

3. 应激性红体

一般在天气突变时，例如台风、强降雨、寒潮等恶劣天气的影响，往往会引起池塘水环境的剧烈变化，诱发养殖对虾发生应激性红体症状，虾体全身变红，体质变弱，甚至造成对虾大面积死亡，但无明显的生物性病原侵袭的病症。情况严重的如果未能及时处理也可能会使养殖对虾继发性感染病毒病、细菌病等病害。

对于该病症的防控重点在于恶劣天气来临之前实施有效预防。具体防控措施主要为：

① 根据养殖池塘设施条件和管理技术水平，严格控制适宜的对虾放养密度。

② 养殖全程注重池塘水环境的调控与优化，定期使用芽孢杆菌降解转化养殖代谢产物，清洁水质和底质，同时不定期配合使用光合细菌、乳酸杆菌及其他环境调节剂，净化水质，保持良好生态。

③ 关注天气变化，在恶劣天气来临前强化水环境的管理，调节水体营养水平，保证池塘优良微藻藻相的稳定，同时增强光合细菌的使用强度，维护水体中的有益菌相，提高环境菌群的代谢活性。

④ 适量配合使用化学增氧剂和池塘底质环境调节剂，改良池塘底部环境。

⑤ 适量拌喂抗病中草药、免疫增强药剂，提高对虾抗应激能力。

⑥ 加高池塘水位，增加水体环境的缓冲能力。

⑦ 恶劣天气到来时增强池塘增氧机的开启强度，同时根据水质情况配合使用过氧化钙等化学增氧剂，提高溶解氧含量，还可起到一定的稳定水体pH和消毒的功效。

⑧ 恶劣天气过后参考上述措施及时强化水体环境的调控强度，整体情况相对稳定后再选择适合的时机进行水体消毒，然后再施加芽孢杆菌、乳酸杆菌，稳定水体生态系统。

⑨ 根据所遭遇寒潮的持续时间和强度，如果气候条件对养殖生产影响严重，确实再难以坚持长时间养殖的，应在做好相关应急管理的同时，及时掌握市场信息，适时收虾出售，保障养殖效益。

4. 缺氧或偷死

当池塘底质环境恶化时或水体溶解氧含量低于养殖对虾群体的耐受值2.5毫克/升时，即容易出现对虾浮游于水面或在池边四周游动的现象。在人为干扰下对虾易产生强烈的应激反应，严重时发生对虾大量死亡沉于池底。该病症多见于养殖中后期的凌晨时分或连续阴雨天气的时候。当发现较多对虾在水面游动时，应捞取对虾进行观察检测，同时监测各项水质指标，尤其是养殖水体、池底及池塘排水口处的溶解氧含量，若未发现虾体出现其他病症，溶解氧又偏低，即可确诊。

一般造成对虾缺氧的主要原因包括以下几点：一是放养密度过大，在养殖中后期对虾群体的生物量过大，水体溶解氧的消耗量大于生成量，导致对虾缺氧；二是水环境中的有机物含量过多，消耗了大量的溶解氧进行氧化还原反应，导致水体中溶解氧含量大幅降低，水质和底质环境恶化；三是水体中的浮游生物数量过多，呼吸耗氧量过大，严重影响了对养殖对虾的溶解氧供给。

对于该病症的防控措施主要为：

① 开展养殖前应对池塘进行彻底的清整，对于已经养殖多年的池塘应在清除池底淤泥后多次翻耕曝晒，以利于沉积的有机物得到充分的氧化分解。

② 根据池塘设施条件和管理水平等具体实际情况，严格控制虾苗放养密度。

③ 实施科学的投喂策略，宁少勿多，以免残余饲料积聚，败坏水体环境。

④ 切实做好养殖环境调控措施，科学使用有益菌制剂和其他水体环境调节剂，促进养殖代谢产物及时分解转化，保持良好水体环境。

⑤ 定期监测养殖水体水质指标，根据对虾不同生长阶段、天气情况等采用合理的增氧策略，确保养殖全程水体溶解氧含量日均大于3毫克/升。

⑥ 做好日常管理措施，及时发现问题并加以解决处理。

5. 对虾蜕壳综合征（软壳病）

患病对虾主要症状为虾体甲壳柔软，有时会发现甲壳溃烂的病灶，机体颜色变红或灰暗，鳃丝发红或发白，活力差，生长缓慢。该病症多见于低盐度淡化养殖池塘。造成该病症的主要原因有：养殖水体受到化学药物或不明因素的污染；水体盐度等指标骤变或水体环境大幅变化；水体中的钙元素含量相对缺乏或钙磷比例不平衡。

对于该病症的防控措施主要为：

① 保持良好水质，避免养殖水体盐度在短时间内大幅度变化。

② 注意养殖水源的管理，防止水体受环境激素、化学因素或其他不明因素的污染。

③ 发病初期可施用含钙物质调节水体钙含量，如每亩池

塘可按1米水深全池泼洒使用熟石灰8～15千克。

④ 选择营养全面的饲料进行科学投喂，同时不定期拌料投喂维生素、益生菌等营养强化剂，每天两次，连续使用5～7天。

二、异常天气条件下的病害防控措施

1. 持续阴雨天气

近年来，在我国南方对虾养殖主产区每年的四、五月份及台风过后都容易出现持续阴雨的天气，此时也是养殖南美白对虾易于发生病害的高危期。天气变化对养殖对虾病害的影响主要还是通过水体环境因子的变化，诱发对虾产生应激反应，体质较弱的个体容易受到直接影响或继发因素的影响发生病害。具体的情况有以下几个方面：

① 养殖水体盐度大幅度变化造成对虾产生严重的应激反应。

② 光照弱，微藻光合作用受影响，造成水体光合作用增氧效率大幅降低，同时也使原本通过该途径转化利用的小分子有机物和氨氮等因子积聚，物质循环路径受阻，水体环境趋于恶化。

③ 水体pH值大幅降低，打破了养殖水体环境原本的生态系统功能平衡，诱发对虾产生应激。

④ 由于盐度和温度的影响，水体形成分层，在未实施有效干预、打破水体分层的情况下，下层水体的水质趋于恶化，诱发对虾产生应激。

可从以下三个层面采取防控措施控制对虾病害的发生。

（1）前期预防

① 稳定水体优良微藻藻相，保持适宜的微藻细胞密度，提高微藻生态系统的环境缓冲能力，维护良好的水体环境。

② 合理使用芽孢杆菌、光合细菌、乳酸菌等有益菌制剂，稳定水体优良菌相，提高菌群代谢活性，净化水质。

③ 提高池塘水位，提升水体环境的缓冲能力。

④ 在饲料中拌喂维生素、免疫增强剂或有益菌制剂，增强对虾体质，提升机体的抗应激机能。

⑤ 做好养殖设施管理工作，确保增氧机、排水系统和供电系统处于正常状态。

⑥ 备用一定量的化学增氧剂和水体环境调节剂，以备出现突发情况时应急使用。

（2）过程干预

① 提高增氧剂的开启强度，一方面增强水体的增氧力度，同时还可打破水体分层。

② 合理使用光合细菌制剂，提高水体菌群的代谢活性，净化水质。

③ 根据水质情况，适量使用石灰或腐植酸稳定水体pH。

④ 监测水体溶解氧变化情况，在出现水体缺氧的初期或夜晚时分适量使用颗粒型化学增氧剂，提高水体尤其是中下层水体的溶解氧含量。

⑤ 严格控制饲料投喂量，少投或不投。

（3）后期处理

① 根据水体和对虾情况，适量使用低毒高效消毒剂，控制潜在病原生物的大量繁殖。

② 如果水体出现"倒藻"现象，先施用沸石粉和增氧剂或增氧型底质改良剂，再使用芽孢杆菌制剂和无机营养素或氨基酸营养素，重新培育优良微藻藻相。

③ 在对虾养殖中后期，阴雨天气过后往往容易发生微藻藻相演替，形成以有害蓝藻为优势的藻相结构，此时可联合使用芽孢杆菌制剂和光合细菌制剂，净化水质，稳定优良微藻藻相，避免有害蓝藻的大量生长与繁殖，同时还可间接起到稳定

水体pH值的效果。

④ 根据水体水质和对虾健康情况，严格控制饲料投喂量，同时拌喂维生素、中草药、免疫增强剂或有益菌制剂，增强对虾体质，提升机体的抗病机能。

2. 持续低压天气

在我国南方地区春、夏容易出现连续多天的多云、闷热、无风的低压天气，尤其在台风来临之前这种天气情况最为明显。此时，光照强度不足，致使水体光合作用增氧效率不高，加之低气压影响下机械增氧的效率也有所降低，容易造成水体溶解氧含量较低的情况，同时该天气条件下水体温度往往不断升高，容易造成水体环境中的有机物在厌氧条件下降解转化形成硫化氢、氨氮、亚硝酸盐等有毒有害物质并积累，环境中的致病弧菌数量也随之大幅升高，直接或间接诱发养殖对虾发生严重病害。

针对上述情况的主要防控措施包括：

① 重点保证水体及池塘底部的溶解氧含量，提高增氧机的开启频次，密切监控水体溶氧水平，在发现水体缺氧和凌晨配合使用化学增氧剂，及时提高水体环境的溶解氧含量。

② 适量使用沸石粉、白云石粉等沉淀剂去除水中悬浮颗粒物，澄清水质，然后排出部分底层水，适量添加部分经沉淀和消毒处理的新鲜水源，维持水质的稳定。

③ 科学使用有益菌制剂调节水体环境，减少好氧型微生物制剂（芽孢杆菌）的使用，适量使用乳酸菌和光合细菌等有益菌制剂，既可提高水体中的菌群代谢活性，促进养殖代谢产物的降解转化，净化水质，又可维持稳定优良的菌相，抑制有害菌的生长与繁殖。

④ 合理使用具有增氧或消毒功效的底质环境改良剂，促进池塘底部沉积物的氧化分解，抑制弧菌等潜在致病菌

的大量生长与繁殖，为对虾的健康生长营造良好的栖息环境。

⑤ 严格控制饲料投喂，根据天气和对虾健康状况适量减少饲料的投喂数量，避免给水体环境增加额外负荷。

3. 持续高温

通常高温季节正是养殖对虾生长的高峰期，饲料的投喂量较大，水体中养殖代谢产物不断增多，透明度大幅降低，水色较浓，水体及池底的富营养化程度持续升高。此时，池塘环境中的养殖对虾群体、浮游微藻、细菌等生物量不断增多，整个养殖环境的生态负荷处于高压状态，容易发生水体缺氧、有害蓝藻和致病菌大量繁殖、水体环境恶化或骤变等诱发养殖对虾病害的各种潜在因素。所以，做好病害防控的重点在于切实贯彻科学的养殖管理，调控和维护稳定而良好的水体环境，提高对虾体质，全面提升虾体抗病机能。

针对上述情况的主要防控措施包括：

① 加强增氧及适量换水，提高增氧机开启强度，配合使用增氧剂，确保水体溶解氧的供给，根据水源质量和池塘水体状况，适量引入经沉淀消毒的新鲜水源，维持稳定的水体环境，避免养殖对虾产生应激反应。

② 加高水位控制水温，根据池塘情况将水位加高至1.8～2.0米，或适量引入经处理的地下水调节水体温度，同时加大增氧机开启频次，避免水体形成分层。

③ 科学采用养殖环境微生物调控技术和理化调控技术，改善池塘水质和底质，促进养殖代谢产物的及时降解转化，降低水体富营养化水平，保持优良的养殖水体生态环境。

④ 切实贯彻科学的养殖管理，建立各种应急处理预案，及时发现和解决问题。

⑤ 根据生产实际情况，适度降低对虾养殖密度，可采取

轮捕疏养、捕大留小、适时收获的措施，收获部分达到上市规格的成虾，以达到保持合理养殖密度，降低养殖风险，提升养殖效益的效果。

第五节 南美白对虾的营养免疫调控技术

在养殖过程中可通过拌料投喂一些有益菌、维生素、中草药、多糖、多肽等物质，调控养殖对虾的营养免疫机能，增强体质，提高机体抗病能力，这一类物质被称为营养免疫调控剂。水产养殖中常见的营养免疫调控剂种类和主要功能如下。

（1）有益菌制剂——主要是芽孢杆菌、乳酸菌、酵母菌等有益菌制剂，用于增强南美白对虾的消化机能，提高对营养物质的吸收利用效率，提升机体非特异免疫因子的活性，抑制有害菌的生长繁殖，实现对病原的综合抗感染能力。

（2）中草药制剂——主要是黄芪、板蓝根、金银花等单种及多种复方中草药制剂，可用于抑制或破坏病毒、病菌的增殖能力，提高血清酚氧化酶、过氧化物酶、超氧化物歧化酶等对虾血清中的非特异免疫因子活性。

（3）维生素类——主要是维生素C和维生素E等，可用于增强对虾体质，提高机体溶菌酶和酚氧化酶等非特异免疫因子活性，同时对提高吞噬细胞的活性有一定的促进作用。

（4）多糖类——主要是海藻多糖、葡聚糖、脂多糖和肽聚糖等，可用于增强对虾凝血活性，提高血清中的超氧化物歧化酶、溶菌酶、碱性磷酸酶、酸性磷酸酶等非特异免疫因子活性。

（5）微量元素——主要是铁、硒、铜、锌等，可用于提高对虾机体中的酚氧化酶和超氧化物歧化酶等免疫因子活性。

（6）昆虫免疫蛋白——主要是从昆虫体内提取的多肽类物质，富含丰富的微量元素、多种活性物质，具有较强的诱食性，利于补充饲料中缺乏的营养成分，增强养殖对虾的体质，提高综合抗病机能。

本节将就有益菌制剂和中草药制剂两种营养免疫调控剂在南美白对虾养殖中的应用进行介绍。

一、有益菌制剂

常用的饲喂型有益菌主要有芽孢杆菌、乳酸菌。由于芽孢杆菌可耐受饲料加工过程中的高压、高温等条件，因此，可作为添加剂直接加入饲料原料中进行加工制粒；乳酸菌、酵母菌则主要通过口服拌料投喂的方式使用。有益菌进入养殖对虾机体后可调节和改良机体消化道内的微生态结构，起到加强和提高对虾生理机能，提高健康水平的作用。一方面，有益菌通过促进对虾消化机能，提高饲料等营养物质的吸收利用效率，增强体质；另一方面，还可与肠道内有害菌竞争生态位，抑制有害菌的生长繁殖，起到改良体内微生态结构，维护微生态平衡的功效；此外，有益菌与益生协同剂能产生协同作用，相互增强其益生功效。

不同种类的有益菌由于其生理生态特性存在较大差异，因此在使用方式上也具有一定的区别。例如芽孢杆菌可产生芽孢，能耐受对虾饲料加工、制粒过程中的高温条件，所以可作为饲料添加剂直接加入对虾饲料中，生产出含有芽孢杆菌的配合饲料。乳酸菌、光合细菌等则无法通过上述方式进行应用，而是在养殖过程中于饲料投喂前几个小时，将适量的菌剂与饲料进行均匀搅拌，阴干，然后进行投喂。芽孢杆菌也可经拌料投喂方式进行使用。

1. 芽孢杆菌对提高南美白对虾生长性能和抗病力的影响

据Lin、丁贤和郭志勋等研究报道,在饲料中添加芽孢杆菌,可促进养殖南美白对虾的健康生长,有利于提高对虾的消化和免疫机能,提升机体消化酶和非特异性免疫因子的活性。

按每立方米水体放养幼虾70尾的密度,养殖56天,每天分3次投料(8:00、17:00和22:00),日投喂量约为虾体重的5%~8%,并根据摄食情况调节投喂量。每天换水1/3。养殖全程不进行水体消毒,不投喂任何药物。结果表明,在每千克饲料中添加1.0~1.5克的芽孢杆菌可提高南美白对虾的生长速度和饲料利用效率,降低饲料系数(表4-1)。

表4-1 芽孢杆菌对南美白对虾成活率、生长、饲料转化率和蛋白质转化率的影响

项目	添加比例						
	0	0.05%	0.10%	0.15%	0.20%	0.25%	0.30%
开始体重/(克/尾)	0.03	0.03	0.03	0.03	0.03	0.03	0.03
结束体重/(克/尾)	1.75	1.79	1.89	1.88	1.78	1.67	1.76
增重率/%	5725	5857	6190	6159	5834	5478	5771
成活率/%	94.44	97.22	95.56	97.22	95.00	96.67	94.44
饲料系数	1.44	1.34	1.30	1.30	1.45	1.45	1.44
蛋白质效率	1.59	1.73	1.80	1.79	1.65	1.61	1.65

注:芽孢杆菌的添加比例以对虾饲料中的质量分数计算。

在饲料中添加芽孢杆菌还可改良对虾肠道的菌群结构,形成以芽孢杆菌为优势的菌相,抑制弧菌的生长,从而有利于防控弧菌诱发的养殖对虾病害发生(表4-2)。

表4-2　芽孢杆菌对南美白对虾肠道菌群结构的影响

添加比例/%	总异养细菌数量/（个/克）	弧菌数量/（个/克）	优势菌	优势菌比例/%
0	2.4×10^{10}	3.9×10^{6}	双氮养弧菌 枯草芽孢杆菌	23.3 20.0
0.3	2.5×10^{7}	3.4×10^{4}	多沙巴斯德菌 蜡样芽孢杆菌	48.0 31.5
0.5	4.0×10^{8}	2.2×10^{5}	蜡样芽孢杆菌	59.8
1.0	1.2×10^{7}	3.8×10^{4}	蜡样芽孢杆菌	46.2
3.0	9.5×10^{9}	5.3×10^{5}	蜡样芽孢杆菌	62.9
5.0	6.0×10^{7}	2.8×10^{5}	蜡样芽孢杆菌	56.6

注：芽孢杆菌的添加比例以对虾饲料中的质量分数计算。

同时，在不同养殖时期芽孢杆菌对南美白对虾的酚氧化酶活性也具有一定的促进作用，提高了机体的非特异性免疫机能和抗病能力，有利于促进对虾的健康生长。

2. 芽孢杆菌在对虾集约化养殖中的应用

应用添加芽孢杆菌的饲料养殖南美白对虾，可有效促进对虾的健康生长，降低饲料系数，减少养殖生产中在饲料、换水耗电及内服药物方面的成本，提高养殖效益（表4-3）。文国樑等报道，以市售某品牌南美白对虾饲料为基础，按0、0.3%、0.5%的质量分数加入芽孢杆菌粉剂进行制粒，以未添加芽孢杆菌的基础配合饲料为对照组，于南美白对虾铺膜高位池养殖进行应用。整个养殖周期为115天，每个池塘面积平均为0.17公顷，水深保持1.8米，每公顷的虾苗放养数量平均为0.80万尾，养殖全程实施半封闭式管理。结果显示，芽孢杆菌添加组的饲料系数要明显低于未添加组，其中0.3%添加组和0.5%添加组的饲料系数较未添加组分别降低了9.38%和12.50%；而养殖对虾产量比未添加组分别增产了35.18%和42.34%。由于养殖过程中遭遇强降雨、台风等恶劣天气的影响,各组的对虾成活率都不高,但芽孢杆菌添加组的成活率仍好于未添加组。

表4-3 饲料中添加芽孢杆菌对养殖对虾产量的影响

项目	添加比例		
	0	0.3%	0.5%
放苗量/(万尾/公顷)	161.96±16.91	201.09±75.32	186.97±52.28
饲料系数	1.60±0.03	1.45±0.04	1.40±0.04
养殖产量/(吨/公顷)	7.64±0.93	10.32±1.36	10.87±6.64
成活率/%	31.73±5.15	36.67±5.45	39.35±1.31

从不同组的对虾生长性能看,0.3%添加组对虾的体长增长率、体重增长率和肥满度增长率等指标分别比未添加组提高了29.07%、566.06%和156.19%,0.5%添加组则分别提高了21.06%、523.19%、159.50%。可见,在配合饲料中添加芽孢杆菌有利于提高集约化养殖南美白对虾的生长性能,起到良好的促生长作用(表4-4)。

表4-4 饲料中添加芽孢杆菌对养殖对虾生长性能的影响

项目	添加比例		
	0	0.3%	0.5%
体长增长率/%	143.74±7.21	172.81±8.68	165.40±4.09
体重增长率/%	1061.25±199.17	1627.32±319.25	1584.19±56.50
肥满度增长率/%	375.44±67.65	531.62±96.96	543.93±30.95

从生产效益来看,饲料中添加芽孢杆菌也可起到良好的效果。由于养殖期间芽孢杆菌添加组的水质情况明显好于未添加组,因此换水量也远少于后者,0.3%添加组和0.5%添加组的换水耗电量分别降低了38.10%和52.76%,同时也明

显降低了养殖过程的水质调控剂成本和内服药物成本，0.3%添加组和0.5%添加组的水质调控剂费用分别节省了16.33%、50.22%，内服中草药制剂的费用分别降低了45.49%和42.28%（表4-5）。

表4-5 饲料中添加芽孢杆菌对养殖对虾主要成本支出的影响

项目	添加比例		
	0	0.3%	0.5%
换水耗电量/（$\times 10^3$千瓦时/公顷）	6.94±0.01	4.29±0.47	3.28±0.28
水质调控剂成本/元	695.00±196.58	581.50±3.54	346.00±110.31
内服药物成本/元	249.50±9.19	136.00±110.31	144.00±19.80

所以，在对虾饲料中按0.3%～0.5%的用量加入芽孢杆菌，实施全程投喂，有利于提高南美白对虾集约化养殖的产量，提升对虾健康水平，降低饲料系数，减少养殖生产中的饲料、用药和换水等方面的成本开支，全面提升养殖综合效益，达到经济效益和生态效益双丰收。

二、中草药制剂对对虾的营养免疫调控

养殖实践表明，在南美白对虾的养殖过程中合理使用中草药制剂有利于提高对虾消化酶活性、非特异免疫因子活性及抗病能力等各项指标，并且具有副作用小、无耐药性、无质量安全隐患等优点。中草药的使用效果与其添加量和投喂策略密切相关，大剂量和长时间的使用并不利于对虾抗病力的提高，反而容易造成"免疫疲劳"。因此，在养殖水质好、病原感染概率小的条件下，过度使用可能导致机体用于生长的能量被消耗，不利于对虾的健康生长。

1. 中草药制剂对提高养殖对虾抗病力和消化机能的影响

（1）番石榴叶水提取物对白斑综合征病毒（WSSV）致病性的影响　郭志勋等研究指出，将番石榴叶水提取物对WSSV进行处理，对WSSV有显著的灭活作用，消毒效果与药物和病毒的相对浓度相关。按番石榴叶水提取物与WSSV病毒粗提液质量体积比1∶9的比例处理WSSV病毒粗提液，然后感染养殖对虾。结果表明，养殖13天后，未经番石榴叶处理的WSSV感染对虾大量死亡，经番石榴叶处理的WSSV感染对虾和阴性对照组的对虾存活量远高于未处理组。浓度为1毫克/毫升的番石榴叶水提取物可以使WSSV失去感染活性，就处理时间而言，6小时以内对WSSV的感染活性没有影响，病毒仍可使养殖对虾死亡，当处理时间大于12小时，则可令WSSV失活，病毒对感染对虾不具有致死作用。

（2）饲喂复方中草药对养殖对虾消化和免疫机能的影响　据Lin、文国樑、黄忠、林黑着和丁贤等报道，通过在饲料中添加复方中草药可有效提高养殖南美白对虾的消化和免疫机能，提升机体健康水平。

① 饲喂复方中草药对养殖对虾消化酶活性的影响。使用以黄芪、板蓝根等为主要成分的中草药饲料添加剂，分别以质量分数为0、0.1%、0.2%、0.4%的比例加入饲料中，制备中草药饲料。每天投喂3次（8∶00、16∶00、21∶00），饱食投喂，投喂量约为虾体重的6%～8%，根据天气和虾的摄食情况适当调节投喂量，监测周期为21天。养殖水温28～31℃，水体pH值为7.3～8.7。结果显示，饲喂中草药饲料初期对南美白对虾的肝蛋白酶、肝淀粉酶、肠蛋白酶和肠淀粉酶均有促进作用，而且随着添加量的增加，促进作用增强，其中0.4%组投喂1～3周均具显著促进作用，但是随着投喂时间的变化，呈现一定的阶段性波动趋势。总体而言，在养殖过程中饲喂复方

中草药，可促进养殖南美白对虾的消化酶活性，提高机体消化机能，促进营养的吸收利用。

② 饲喂复方中草药对养殖对虾免疫酶活性的影响。将复方中草药饲料添加剂分别以质量分数为0、0.05%、0.1%、0.2%、0.4%、0.8%的比例加入饲料中，制备中草药饲料。每天投喂3次（8∶00、17∶00、22∶00），饱食投喂，投喂量为虾体重的6%～8%，根据天气和虾的摄食情况适当调节投喂量。养殖水温24.0～26.5℃，盐度30‰～32‰，溶解氧含量6.5～7.2毫克/升，氨氮含量0.3～0.5毫克/升，养殖全程不进行水体消毒，不使用任何药物。养殖周期为60天，检测指标包括对虾成活率及虾体血清中的超氧化物歧化酶（SOD）、酚氧化酶（PO）、抗菌酶及活性氧等多种对虾非特异性免疫因子活性。结果显示，在饲料中添加中草药虽然对SOD、活性氧以及抗菌活力影响不明显，但可以提高对虾的酚氧化酶活力。而酚氧化酶是甲壳动物的酚氧化酶原激活系统的产物，在识别异物、释放调理素促进血细胞的吞噬和包囊以及产生杀灭和排除异物的凝集素和溶菌酶等免疫功能方面发挥着重要的作用，与机体的免疫功能也有直接的关系。酚氧化酶活力的提高有利于增强对虾的抗病能力，与对虾成活率具有一定的相关性。

但在不同的养殖条件下，由于中草药本身或其他因素的影响，其作用效果可能存在一定差异。中草药的剂量、不同药物间的相互关系、不同的动物以及动物的健康和营养状态、年龄和养殖环境条件也可能引起相关效果的变化。所以，在养殖生产应用时应根据具体的情况，进行科学使用才能取得良好的效果。

2. 中草药与芽孢杆菌的协同作用对养殖对虾的影响

中草药中的多糖、苷类能分别或同时激活或抑制T淋巴细胞、巨噬细胞、白细胞介素等细胞因子以及抗体水平，增强单核吞噬细胞系统活性从而提高或调节其免疫功能,但它们只有通过代谢转化后才能发挥其有效作用。例如甘草含有多种有效成分,其中的甘草甜素被服用后并不能被直接吸收利用,而是在肠道菌群的作用下,切去其含糖部分形成糖原后才被机体吸收至血液而发挥效用;中草药与益生菌剂在防病促生长等方面是相辅相成的。研究表明扶正固本类的中草药,如黄芪、党参等,除可增强机体免疫功能外,还可促进双歧杆菌、乳酸菌的生长;同时双歧杆菌、乳酸菌等能增强机体免疫力,与扶正固本类中草药协同发挥作用。

据Yu等报道按不同的质量分数在对虾饲料中分别添加中草药、芽孢杆菌、中草药-芽孢杆菌,于流水系统中饲喂南美白对虾,监测周期2个月。结果显示,在饲料中添加中草药、芽孢杆菌具有良好的促生长效果,有利于提高对虾的成活率、生长率、增重率和蛋白质积存率,降低饲料系数。其中以在饲料中添加0.10%中草药制剂和0.15%芽孢杆菌制剂效果最佳(表4-6)。

表4-6 中草药与微生物制剂协同对南美白对虾生长和存活的影响

组别	成活率/%	增重率/%	饲料系数	特定生长率/%	蛋白质积存率/%
对照组	95.83	116.89	4.12	1.17	10.49
中草药组	97.92	136.17	3.96	1.26	10.92
中草药-芽孢杆菌1	96.67	137.08	3.88	1.28	11.08
中草药-芽孢杆菌2	98.33	161.65	3.57	1.40	12.27
芽孢杆菌组	97.50	127.89	3.98	1.21	10.97

注:对照组为未添加任何饲料添加剂的对虾基础饲料;中草药组为在饲料中添加0.2%中草药制剂;芽孢杆菌组为在饲料中添加0.30%芽孢杆菌制剂;中草药-芽孢菌1为饲料中添加0.20%中草药制剂和0.30%芽孢杆菌制剂;中草药-芽孢菌2为在饲料中添加0.10%中草药制剂和0.15%芽孢杆菌制剂。

文国樑等分析不同比例的中草药制剂和芽孢杆菌协同使用对养殖对虾非特异性免疫机能的影响，通过检测对虾机体血清中的酚氧化酶（PO）、超氧化物歧化酶（SOD）、总抗氧化活力、血细胞数、溶菌酶等各项指标。结果显示，在饲料中添加0.1%～0.2%的中草药制剂和0.1%～0.3%的芽孢杆菌均有利于提高南美白对虾机体的SOD、总抗氧化活性、溶菌酶等各项指标的活性，但对PO、血细胞数两个指标，不同添加比例组之间存在一定的差异，以在饲料中添加0.2%中草药和0.3%的芽孢杆菌效果最佳。综合各项指标的总体表现，在南美白对虾养殖生产过程中按质量分数将0.2%的中草药和0.3%的芽孢杆菌添加到饲料中进行投喂，有利于全面提高对虾的非特异性免疫机能，增强体质，提高对虾自身抵抗病害的能力（表4-7）。

表4-7　中草药与微生物制剂协同对南美白对虾非特异性免疫指标的影响

组别	PO	SOD	总抗氧化活性	血细胞数	溶菌酶
对照组	30.06±1.05	0.24±0.08	7.41±0.80	98.75±2.50	1.74±0.19
中草药-芽孢杆菌11	17.43±1.58	0.46±0.03	8.59±0.74	99.17±3.25	2.08±0.11
中草药-芽孢杆菌12	29.21±3.70	0.39±0.18	7.80±0.57	112.08±4.41	1.90±019
中草药-芽孢杆菌13	18.06±1.27	0.39±0.04	7.62±0.15	113.75±5.91	2.69±0.05
中草药-芽孢杆菌21	27.22±2.99	0.29±0.08	9.31±0.86	98.33±2.92	2.63±0.14
中草药-芽孢杆菌22	30.45±4.27	0.43±0.16	7.52±0.37	97.50±1.91	2.56±0.44
中草药-芽孢杆菌23	35.47±3.06	0.43±0.07	10.83±0.37	111.67±5.61	2.43±0.06

注：对照组为未添加任何饲料添加剂的对虾基础饲料；中草药-芽孢菌11、中草药-芽孢菌12、中草药-芽孢菌13三个组为在饲料中按质量分数添加0.1%中草药外，再分别以0.1%、0.2%、0.3%的比例分别添加芽孢杆菌；中草药-芽孢菌21、中草药-芽孢菌22、中草药-芽孢菌23三个组为在饲料中添加0.2%中草药外，再分别以0.1%、0.2%、0.3%的比例分别添加芽孢杆菌。

3. 巧用复方中草药和有益菌优化环境综合防控养殖对虾病害技术

（1）技术背景　养殖水环境恶化、管理技术水平相对落后以及对虾苗种存在一定的缺陷，均有可能导致养殖对虾的病害频发。

有益微生物具有优化池塘环境，改善机体代谢功能，提升养殖动物生长性能和健康水平等功效。它可有效降解池塘环境中的有机营养物，促进水中浮游生物的稳定繁殖，并在一定程度上可有效去除环境中有毒、有害物质，为养殖动物提供良好的生态环境。再者，它还可通过营养、附着位点竞争调节机体内环境中菌群组成，抑制有害菌的滋长，维护体内微生态环境的平衡，提高机体免疫机能，增强抗病能力。

中草药是环保型绿色添加剂，可促进养殖对虾的健康生长。它含有丰富的多糖、生物碱、酮类、萜类、内酯、皂苷、有机酸等物质，具有增强吞噬细胞功能或增强器官组织抗菌功能、促进或诱导产生干扰素、抗微生物毒素、抗炎作用以及增强血清杀菌素作用和提高溶菌酶活力，可提高水产动物的免疫力和抗病力。

（2）针对问题　将养殖生态环境优化技术与对虾机体内环境调控技术进行有效结合，集成提高对虾免疫力和抗病力中草药研发和应用技术、养殖水环境微生物调控剂优化与规模化应用技术、养殖对虾病毒病控制技术，通过与对虾养殖生产流程中的各技术环节进行无缝对接，以实现养殖对虾病害的有效防控。

（3）技术要点

① 以有益菌优化环境防控病害的健康养虾技术

a. 放苗前施用芽孢杆菌制剂，用量为按1米水深每亩池塘使用1千克芽孢杆菌，从而培养优良的微藻和浮游动物，形成适宜对虾生产的优良水环境。

b. 养殖过程中每间隔10天定期施用芽孢杆菌，一般选择在天气晴好的条件下使用，用量为按1米水深每亩池塘使用0.5千克芽孢杆菌，用以平衡微藻藻相，促进物质循环利用。

c. 当养殖水体的水质老化或亚硝酸盐和pH偏高时，可通过使用乳酸杆菌进行调控，其用量为按1米水深每亩池塘使用1~2千克乳酸杆菌制剂。若池塘水体中水色较浓时，可适当加大用量。

d. 在阴雨天气时，或者池塘中水色过浓、氨氮偏高，可配合使用光合细菌制剂，用量为按1米水深每亩池塘使用2~3千克光合细菌制剂。

e. 养殖过程中定期使用芽孢杆菌，并配合间隔施用乳酸杆菌或光合细菌制剂，使不同种类有益菌形成生态协同效应，促进水体环境的稳定与优化。

② 巧用复方中草药防控病害的健康养虾技术

A. 复方中草药制剂提高对虾免疫功能和促进生长的使用方法

a. 选择地丁草、板蓝根、黄芪、大青叶、藿香等十多种天然植物，以一定比例搭配，制备形成复方中草药制剂。

b. 按投喂饲料重量的0.2%将复合中草药制剂添加到饲料中，在对虾养殖过程中连续投喂，可提高养殖对虾免疫功能并促进生长。

c. 上述方法中，中草药复合制剂可添加在饲料中一起制粒，也可拌料投喂，考虑到制剂的溶失，中草药的用量应适当调整，加倍添加。

B. 复方中草药制剂防控对虾白斑综合征的技术

a. 在对虾白斑综合征的发病高危季节前20~30天，将复合中草药制剂按饲料重量的0.1%~0.15%加入对虾饲料中，连续投喂30~40天。

b. 在对虾白斑综合征发病初期将复合中草药制剂按饲料重量的0.15%～0.2%加入对虾饲料中，进行连续投喂30～40天，可在一定程度上提高养殖对虾对白斑综合征的抵抗力。

c. 上述方法中，中草药复合制剂可添加在饲料中一起制粒，也可拌料投喂，考虑到制剂的溶失，中草药的用量应适当调整，加倍添加。

③ 注意事项

a. 在施用有益菌制剂后，正常情况下7天内不换水；有益菌不宜与抗菌、消毒、杀虫等药品同时使用。

b. 在使用液体型有益菌制剂前应摇匀后再施用，粉末状有益菌制剂可用池塘水混匀后再全池泼洒。

c. 选择有益菌制剂时应挑选正规厂家生产的优质产品，避免因使用劣质微生态制剂导致效果不佳或形成养殖水环境进一步恶化。

d. 在巧用复方中草药制剂提高对虾抗病力防控白斑综合征的同时配合使用有益菌制剂，以提高病害防控效果。

e. 养殖过程中应用池塘水环境调控技术，将养殖生态优化和中草药技术防控病害有机结合，对养殖对虾病害防控效果更佳。

第六节　科学用药

一、科学诊断与选药

首先，正确诊断病因是对症下药和科学防治养殖病害的前提，只有针对病原进行处理，切断病原传染途径，改善水体环境，创造良好的栖息环境，多管齐下才能取得良好的效果。通常在养殖生产中用于诊断的器具包括解剖剪、镊子、放大镜、简易型水质检测试剂盒，有条件的可配置显微镜、解剖镜、水质分析仪、微生物培养与鉴定仪器、病毒检测仪等。其次，科学选用渔药是有效防治病害的保证，药物既要对病原有较强的针对性，还应具备低毒、无害、少残留、低成本等特点。

通过正确诊断、科学用药、综合防治，一方面有效杀灭病原生物，清洁水体环境，严格控制病原进入养殖系统，从外因层面严防死守把好病原关，为病害防治提供良好的环境；另一方面调节虾体新陈代谢和非特异免疫因子活性，综合提升对虾自身的健康水平和抗病机能，从内因层面降低病原感染的风险。

二、合理给药

根据病因、症状、病程等具体情况，采用合理的给药方式。一般包括泼洒、浸浴、拌料口服等几种方式。同时，在用药过程中最好采取轮换用药、复配用药的方式提高药效，还可在一定程度上减少病原生物的耐药性。

（1）泼洒　将配制好的药液全池均匀泼洒，主要用于杀灭池塘环境或对虾体表的病原生物。其缺点是用药量大，需要准确计算用药浓度，若稍有不慎就有可能对水体环境产生较大的负面影响。所以应谨慎使用，严格控制用药浓度，根据具体情况采取逐步提高给药浓度的方式，避免过度用药。

（2）浸浴　多用于运输前后及幼虾转池分疏养殖时的消毒防病。优点是用药量少，风险低，不会对水体环境造成负面影响。操作时通常将幼虾集中在盛有药物的容器中，进行短时间药浴，主要用以杀灭体表的病原生物。

（3）拌料口服　多用于免疫增强剂、饲喂型有益菌制剂、口服微量元素等制剂的给药，使用时将药剂用少量水溶解化开,也可适量添加如海藻酸钠等无毒黏合剂,与对虾饲料一起搅拌均匀,阴干后投喂,药剂即可随对虾摄食饲料进入机体内。对于一些可耐受对虾饲料高压、高温加工过程而不丧失药效的药剂,也可选择与饲料原料一起,通过饲料加工制粒加入成品饲料中,从而降低药剂使用时的溶失率。这种给药方式不适用于患病对虾病情严重,已停止摄食或少量摄食的情况。

三、无抗养殖

无抗养殖是指在养殖过程中不使用抗生素的养殖方式,通过定期使用微生态制剂等替抗产品,且消除养殖水源水或投入品中抗生素残留的影响,最终达到保护人类健康,生产安全营养、无抗生素残留的水产品的目标。

中国水产科学研究院南海水产研究所曹煜成团队对粤西某知名半集约化对虾养殖场开展数年的长期跟踪监测研究发现,养殖水源水中存在12种抗生素残留,浓度在0.79~2270纳克/升,大环内酯类抗生素脱水红霉素浓度最高;养殖水源水同时检测到8种抗生素抗性基因,浓度在10^5~10^8拷贝数/升,磺胺类抗性基因 *sul1* 浓度最高。该养殖场秉承生态健康的无抗养殖理念,对养殖水源水进行彻底消毒,在对虾养殖过程不使用任何抗生素,而是定期使用芽孢杆菌、光合细菌和乳酸菌等微生态制剂对养殖池塘水质进行有效调控,使池塘菌藻生态环境处于一个稳定且有利于对虾生长的状态。经检测其养殖成品对虾的虾体中未检测到抗生素残留,且养殖尾水中抗生素和抗性基因含量也显著低于养殖水源水。

可见,水源水是池塘水中抗生素的最主要来源,运用养殖水环境优化技术进行病害生态防控是替代抗生素使用的一种有效措施。养殖水环境优化有利于避免环境胁迫造成养殖对虾健康水平下降,提高其抗病力;可降低病原大量增殖的风险,防控病害暴发,实现无抗养殖。

四、对虾养殖常用药

1. 消毒剂

（1）漂白粉

【用途】池塘消毒时用于杀灭病原微生物和敌害生物，养殖过程中用于防治细菌、真菌引起的疾病。

【用法与用量】全池遍洒。用于池塘消毒时，按1米水深每亩水体使用量为10～40千克；养殖过程中用量为0.5～1.5千克。

【休药期】500度日。

（2）三氯异氰尿酸

【用途】用于养殖水体消毒，防治细菌、真菌和病毒引起的疾病。

【用法与用量】全池泼洒。预防时按1米水深每亩水体使用量为100～150克，每天1次，连用3天，两周后重复用一次；治疗时用量为200～250克，每天1次，连用3天。

【休药期】500度日。

（3）溴氯海因

【用途】用于养殖水体消毒，防治细菌、真菌和病毒引起的疾病。

【用法与用量】用水溶解稀释后全池泼洒，含量为8%的溴氯海因粉剂，按1米水深每亩水体使用量为150～350克。

【休药期】500度日。

（4）络合碘

【用途】用于养殖水体消毒，防治细菌、真菌引起的疾病。

【用法与用量】用水稀释后均匀泼洒。预防时按1米水深每亩水体使用量为50～150克，每两周使用一次。治疗时为

200～350克，每天1次，连用2天。

【休药期】500度日。

2. 络合剂

（1）Na$_2$EDTA（乙二胺四乙酸二钠）

【用途】金属络合剂。与水质中的铜、锌、铁等结合，防治对虾无节幼体因重金属离子引起的畸形病、烂肢病。

【用法与用量】全池泼洒，每立方米水体使用量为5～10克。

【休药期】30天。

（2）腐植酸钠

【用途】用于络合重金属离子，稳定水体pH，净化水质、缓解水产动物中毒症状，防治对虾无节幼体因重金属离子引起的畸形病、烂肢病。

【用法与用量】全池均匀泼洒，按1米水深每亩水体使用量为200克。

【休药期】500度日。

3. 增氧剂

（1）过氧化钙

【用途】增加池塘水体环境溶解氧，调节水中pH，氧化水环境中的有机物和还原性物质，用于对虾缺氧的急救。

【用法与用量】全池泼洒，预防缺氧时按1米水深每亩水体使用量为0.2～0.5千克；用于缺氧急救时，用量增加至1.0～2.0千克，可连续使用。

【休药期】500度日。

（2）过氧化氢

【用途】主要用于缓解和解除虾体缺氧。

【用法与用量】按1米水深每亩水体使用200～250毫升，

用水稀释100倍，全池泼洒。

【休药期】无。

4. 维生素C

【用途】用于治疗坏血病，防治铅、汞、砷中毒，增强免疫功能。提高对虾抗应激作用，减少疾病的发生。

【用法与用量】口服，拌料饲喂，每千克饲料加入2～5克，连喂5～8天。

【休药期】无。

5. 中草药

（1）黄连

【用途】抑制细菌、某些病毒和寄生虫的生长繁殖，调节对虾免疫机能，提高抗病力。

【用法与用量】口服拌料饲喂，煎煮取汁或粉碎使用。按对虾体重计算，每天每千克饲料添加1.5～2.5 克；浸浴的用药浓度为5～8 毫克/升水体。

（2）板蓝根

【用途】对多种病原微生物有抑制作用，还具有一定的抗病毒和解毒的功效。

【用法与用量】口服，粉碎后拌料饲喂，按对虾体重计算，每天每千克饲料添加2.5～5克，连用4～6天。

（3）黄芩

【用途】具广谱抗菌和消炎作用。可抑制弧菌等多种病原细菌。

【用法与用量】口服，煎煮后取汁拌料饲喂，按对虾体重计算，每天每千克饲料添加2.5～5克，连用4～6天。

（4）大蒜

【用途】可杀灭或抑制多数病原细菌，可杀灭虾体上的固着类纤毛虫、柱轮虫，还具有一定的诱食、促消化的功效。

【用法与用量】生大蒜捣碎拌料饲喂。按对虾体重计算，每天每千克饲料添加5～7.5克，连用4～6天。

（5）大蒜素

【用途】可杀灭或抑制多数病原细菌，具有一定的诱食、促消化的功效，提高对虾的免疫机能和抗病力。

【用法与用量】口服拌料饲喂，按对虾体重计算，每天每千克饲料添加0.2～0.3克，连用4～6天。

【休药期】无。

五、用药禁忌

1. 忌凭经验用药和随意加大药量

须对病害进行科学的诊断，对症下药，在合适的剂量范围内用药，严禁将治疗剂量作为预防剂量长期使用，不可将浸泡浓度作为泼洒浓度。

2. 忌不明药性乱配伍和用药混合不均

有许多药物存在配伍禁忌不能混用，尤其是配伍后药性（毒性）加强的种类和配伍后导致药效失效的种类。例如酸性药物不能与碱性药物混用，杀菌剂不能与活菌制剂混用。同时，在用药时应将药物充分混匀，避免局部药物浓度过高产生不良效果。

3. 忌用药不顾养殖对虾生长周期及不及时跟进观察

处于不同生长阶段的对虾对药物的敏感性存在一定的差异，用药时应根据虾体规格选择合适的药物和剂量。用药后一两天内需时时观察养殖对虾和水体环境，看是否出现异常状况，如有不妥及时采取应对措施，若是正常或病症出现好转应做好记录,以便总结经验为今后提供参考。

4. 忌不了解药物成分重复用药

对于同药异名或同名异药的情况应予以足够的重视,充分了解所用药物的主要成分,避免重复用药造成用药浓度过高中毒或导致产生耐药性的问题。

5. 忌用药方法不对

必须严格按照药物产品使用说明科学用药,例如对于通过水体泼洒的药物,应先投喂饲料后再进行用药泼洒,严禁一边泼洒药物,一边投喂饲料,导致药物进入对虾机体内引起不良反应。

6. 忌用药时间过长或疗程不足

应依照使用说明严格控制用药时间,避免长时间用药引起药物积累从而导致中毒现象,或是用药时间不足达不到良好的治疗效果。一般泼洒用药为连续三天一疗程,内服用药为三至六天一疗程。

[1] Chang C F, Su M S, Chen H Y, et al. Effect of dietary beta-1,3-glucan on resistance to white spot syndrome virus (WSSV) in post larval and juvenile *Penaeus monodon*. Diseases of Aquatic Organisms, 1999, 36:163-168.

[2] Citarasu T, Sivaram V, Immanue G, et al. Influence of selected Indian immunostimulant herbs against white spot syndrome virus (WSSV) infection in blacktiger shrimp, *Penaeus monodon* with reference to haematological, biochemical and immunological changes. Fish & Shellfish Immunology, 2006, 21(4):372-384.

[3] DB32/4043—2021. 池塘养殖尾水排放标准.

[4] DB32/T 4467—2023. 南美白对虾小型温棚养殖尾水生态化治理技术规程.

[5] DB43/1752—2020. 水产养殖尾水污染物排放标准.

[6] DB46/475—2023. 水产养殖尾水排放标准.

[7] DB44/2462—2024. 水产养殖尾水排放标准.

[8] Dee M B, Albert G J, Bonnie P, et al. Reduced replication of infectious hypodermal and hematopoietic necrosis virus (IHHNV) in *Litopenaeus vannamei* held in warm water. Aquaculture, 2007, 265(1-4):41-48.

[9] Dong X, Wang H L, Xie G S, et al. An isolate of *Vibrio campbellii* carrying the pir^{VP} gene causes acute hepatopancreatic necrosis disease. Emerging Microbes & Infections, 2017, 6(1):1-3.

[10] Drand S V, Lightner D V. Quantitative realtime PCR for the measurment of white spot syndrome virus in shrimp. Journal of Fish Diseases, 2002,25:381-389.

[11] Du H H, Li W F, Xu Z R, et al. Effect of hyperthermia on the replication of white spot syndrome virus (WSSV) in *Procambarus clarkii*. Diseases of Aquatic Organisms, 2006, 71(2):175-178.

[12] Gao H, Kong J, Li Z J, et al. Quantitative analysis of temperature, salinity and pH on WSSV proliferation in Chinese shrimp *Fenneropenaeus chinensis* by real-time PCR. Aquaculture, 2011, 312:26-31.

[13] Han J E, Tang K F J, Tran L H, et al. *Photorhabdus* insect-related (Pir) toxin-like genes in a plasmid of *Vibrio parahaemolyticus*, the causative agent of acute hepatopancreatic necrosis disease (AHPND) of shrimp. Diseases of Aquatic Organisms. 2015, 113(1):33-40.

[14] Huang Z J, Zeng S Z, Xiong J B, et al. Microecological Koch's postulates reveal that intestinal microbiota dysbiosis contributes to shrimp white feces syndrome. Microbiome, 2020, 8:32.

[15] Lin H Z, Li Z J, Chen Y Q, et al. Effect of dietary traditional Chinese medicines on apparent digestibility coefficients of nutrients for White Shrimp *Litopenaeus vannamei*, Boone. Aquaculture, 2006, 253:495-501.

[16] Rahman M M, Escobedo C M, Corteel M, et al. Effect of high water temperature (33 degrees C) on the clinical and virological outcome of experimental infections with white spot syndrome virus (WSSV) in specific pathogen-free (SPF) *Litopenaeus vannamei*. Aquaculture, 2006, 261(3):842-849.

[17] Salachan P V, Jaroenlak P, Thitamadee S, et al. Laboratory cohabitation challenge model for shrimp hepatopancreatic microsporidiosis (HPM) caused by *Enterocytozoon hepatopenaei*

(EHP). BMC Veterinary Research, 2016, 13(1):1-7.

[18] SC/T 9101—2007. 淡水池塘养殖水排放要求.

[19] SC/T 9103—2007. 海水养殖水排放要求.

[20] Su H C, Hu X J, Wang L L, et al. Contamination of antibiotic resistance genes (ARGs) in a typical marine aquaculture farm: source tracking of ARGs in reared aquatic organisms. Journal of Environmental Science and Health Part B, 2020, 55(3):220-229.

[21] Su H C, Liu S, Hu X J, et al. Occurrence and temporal variation of antibiotic resistance genes (ARGs) in shrimp aquaculture: ARGs dissemination from farming source to reared organisms. Science of the Total Environment, 2017, 607: 357-366.

[22] Wang L L, Su H C, Hu X J, et al. Abundance and removal of antibiotic resistance genes (ARGs) in the rearing environments of intensive shrimp aquaculture in South China. Journal of Environmental Science and Health, Part B, 2019, 54(3):211-218.

[23] Xu W J, Xu Y, Su H C, et al. Effects of feeding frequency on growth, feed utilization, digestive enzyme activity and body composition of *Litopenaeus vannamei* in biofloc-based zeroexchange intensive systems. Aquaculture. 2020, 522: 735079.

[24] Yu M C, Li Z J, Lin H Z, et al. Effects of dietary Bacillus and medicinal herbs on growth, digestive enzyme activity and serum biochemical parameters of shrimp *Litopenaeus vannamei*. Aquaculture international, 2008, 16:471-480.

[25] Yu M C, Li Z J, Lin H Z, et al. Effects of dietary medicinal herbs and Bacillus on survival, growth, body composition, and digestive enzyme activity of the white shrimp *Litopenaeus vannamei*. Aquaculture international, 2009, 17:377-384.

[26] Zhang Q L, Xu T T, Wan X Y, et al. Prevalence and distribution of

covert mortality nodavirus（CMNV）in cultured crustacean. Virus Research, 2017, 233：113-119.

[27] 程东远. 虾肝肠胞虫的流行病学及其致对虾生长缓慢机理的探索. 上海：上海海洋大学，2017.

[28] 丁贤，李卓佳，陈永青，等. 芽孢杆菌对凡纳对虾生长和消化酶活性的影响. 中国水产科学，2004，11（6）：580-584.

[29] 丁贤，李卓佳，陈永青，等. 中草药对凡纳对虾生长和消化酶活性的影响. 湛江海洋大学学报，2007，27（1）：22-27.

[30] 何建国，莫福. 对虾白斑综合征病毒暴发流行与传播途径、气候和水体理化因子的关系及其控制措施. 中国水产，1999，7：34-41.

[31] 胡鸿钧. 水华蓝藻生物学. 北京：科学出版社，2011.

[32] 胡晓娟，徐煜，曹煜成. 全彩图解南美白对虾高效养殖与病害防治. 北京：化学工业出版社，2021.

[33] 黄忠，林黑着，李卓佳，等. 复方中草药投喂策略对凡纳滨对虾生长、消化及非特异性免疫功能的影响. 南方水产科学，2013，9（5）：37-43.

[34] 李才文，管越强，于仁诚. 赤潮异弯藻对中国对虾感染白斑综合征病毒的影响. 海洋学报，2003，25（1）：132-137.

[35] 李才文，管越强，俞志明. 盐度变化对日本对虾暴发白斑综合征病毒病的影响. 海洋环境科学，2002，21（4）：6-9.

[36] 李凡，曹煜成，胡晓娟，等. 微囊藻和小球藻携带WSSV量的变化及对水体游离WSSV的影响. 南方水产科学，2014，10(2)：54-60.

[37] 李继秋，谭北平，麦康森. 白斑综合征病毒与凡纳滨对虾肠道菌群区系之间关系的初步研究. 上海水产大学学报，2006，15（1）：109-113.

[38] 李奕雯，曹煜成，李卓佳，等. 养殖水体环境与对虾白斑综合征关系的研究进展. 海洋科学进展，2008，26（4）：532-538.

[39] 李卓佳，蔡强，曹煜成，等. 南美白对虾高效生态养殖新技术. 北京：海洋出版社，2012.

[40] 李卓佳，曹煜成，文国樑，等. 集约式养殖凡纳滨对虾体长与体重的关系.

热带海洋学报，2005，24（6）：67-71.

[41] 李卓佳，虞为，朱长波，等．对虾单养和对虾－罗非鱼混养试验围隔氮磷收支的研究．安全与环境学报，2012，12（4）：50-55.

[42] 李卓佳，周海平，杨莺莺，等．乳酸杆菌LH对水产养殖污染物的降解研究．农业环境科学学报，2008，27（1）：342-349.

[43] 林黑着，李卓佳，陆鑫，等．复方中草药饲喂时间对凡纳滨对虾硝化和免疫酶活性的影响．饲料工业，2011，32（2）：11-14.

[44] 刘少英，朱长波，文国樑，等．凡纳滨对虾在半集约化土池养殖模式下的生长特性分析．广东农业科学，2012，39（9）：9-13.

[45] 马建新，刘爱英，宋爱芹．对虾病毒病与化学需氧量的相关关系研究．海洋科学，2002，26（3）：68-71.

[46] 麦贤杰，黄伟健，叶富良，等．对虾健康养殖学．北京：海洋出版社，2009.

[47] 农业农村部渔业渔政管理局，全国水产技术推广总站，中国水产学会．2022中国渔业统计年鉴．北京：中国农业出版社，2022.

[48] 彭聪聪，李卓佳，曹煜成，等．凡纳滨对虾半集约化养殖池塘浮游微藻优势种变动规律及其对养殖环境的影响．海洋环境科学，2011，30（2）：193-198.

[49] 邱德全，杨士平，邱明生．氨氮促使携带白斑综合征病毒凡纳滨对虾发病及其血细胞、酚氧化酶和过氧化氢酶变化．渔业现代化，2007，（1）：36-39.

[50] 王奕玲，李卓佳，张家松，等．高位池养殖过程凡纳滨对虾携带WSSV情况和动态变化．中国水产科学，2012，19（2）：301-309.

[51] 文国樑，李卓佳，曹煜成，等．凡纳滨对虾高位池越冬暖棚建造及养殖关键技术．广东农业科学，2010，12：143-145，152.

[52] 文国樑，林黑着，李卓佳，等．饲料中添加复方中草药对凡纳滨对虾生长、消化酶和免疫相关酶活性的影响．南方水产科学，2012，8（2）：58-63.

[53] 文国樑，于明超，李卓佳，等．饲料中添加芽孢杆菌和中草药制剂对凡纳

滨对虾免疫功能的影响. 上海海洋大学学报, 2009, 18（2）: 181-184.

[54] 文国樑. 南美白对虾高效养殖模式攻略. 北京: 中国农业出版社, 2015.

[55] 徐煜, 徐武杰, 文国樑, 等. 颤藻浓度和水温对凡纳滨对虾响应颤藻粗提液毒性的影响. 南方水产科学, 2017, 13(1): 26-32.

[56] 姚泊, 何建国. 温度对白斑综合征杆状病毒致病力的影响. 广州大学学报, 2002, 1（4）: 17-19.

[57] 于明超, 李卓佳, 林黑着, 等. 饲料中添加芽孢杆菌和中草药制剂对凡纳滨对虾生长及肠道菌群的影响. 热带海洋学报, 2010, 29（4）: 132-137.

[58] 虞为, 李卓佳, 王丽花, 等. 对虾单养和对虾-罗非鱼混养试验围隔水质动态及产出效果的对比. 中国渔业质量与标准, 2013, 3（2）: 89-97.

[59] 张晓阳, 李卓佳, 张家松, 等. 碳菌调控对凡纳滨对虾试验围隔养殖效益的影响. 广东农业科学, 2013, 40（1）: 131-135.